雄安新区绿化树木

XIONGAN XINQU LVHUA SHUMU

黄大庄 徐成立 赵 凡 陈 锋 **主编**

中国林业出版社
China Forestry Publishing House

图书在版编目（CIP）数据

雄安新区绿化树木 / 黄大庄等主编. -- 北京：中国林业出版社, 2023.8

ISBN 978-7-5219-2238-7

Ⅰ.①雄… Ⅱ.①黄… Ⅲ.①园林树木—雄安新区 Ⅳ.①S68

中国国家版本馆CIP数据核字（2023）第119706号

责任编辑：贾麦娥
装帧设计：刘临川

出版发行：中国林业出版社
（100009，北京市西城区刘海胡同7号，电话83143562）
电子邮箱：cfphzbs@163.com
网址：www.forestry.gov.cn/lycb.html
印刷：河北京平诚乾印刷有限公司
版次：2023年8月第1版
印次：2023年8月第1次
开本：710mm×1000mm 1/16
印张：22
字数：401千字
定价：228.00元

编写委员会

主　编： 黄大庄　徐成立　赵　凡　陈　锋

副主编： 成克武　路丙社　姜志亮　刘志军　张艳春

参编者：（以姓氏笔画为序）

马凤新	卫玉峰	王　佳	王　峰	王　猛	王　毅	王　俊
王　汉	王永平	王志玉	牛　松	牛相栋	石其旺	左维佳
史宝胜	邓　勇	任　凯	刘洋涛	刘太训	刘　龙	刘雅卿
苏蓓蓓	李红宇	李　光	李　京	李　娇	李相成	李　楠
许云鹏	杨　丽	杨尉栋	杨　磊	杨雪军	吴京民	张　亮
张　旭	张　坤	张莉莉	张文良	张　涛	岳　鹏	陈　峰
陈津陵	武芳芳	周辉辉	胡金萍	郑建伟	郝　汉	段二龙
徐学华	栗　亮	栗树垚	高文鹏	黄　帅	黄雪晨	崔　广
宿文斌	唐　龙	寇春雷	董增巨	翟慎延	薛文辉	

主摄影： 黄大庄

前言 PREFACE

  雄安新区地处北京、天津和保定腹地，包括雄县、容城县、安新县三县及周边部分区域，面积约1770km²；雄安新区区位优势明显、交通便捷通畅、生态环境优良、资源环境承载能力较强，具备高起点高标准开发建设的基本条件；雄安新区位于太行山东侧、冀中平原中部、南拒马河下游南岸，在大清河水系冲积扇上，属太行山麓平原向冲积平原的过渡带。全境西北较高，东南略低，海拔7~19m，自然纵坡1/1000左右，为缓倾平原，土层深厚，地势较高的土壤为褐土，地势较洼的土壤为潮土，植被覆盖率很低；雄安新区地处中纬度地带，属温带大陆性季风气候，四季分明，春旱多风，夏热多雨，秋凉气爽，冬寒少雪，年均气温11.7℃，最高月（7月）平均气温26℃，最低月（1月）平均气温-4.9℃，无霜期185d左右；年日照2685h，年平均降水量551.5mm，6~9月占80%；植被属于暖温带落叶阔叶林区域，植物群落的垂直结构一般具有4个非常清晰的层次：乔木层、灌木层、草本层，藤本和附生植物极少，各层植物冬枯夏荣，季相变化鲜明。

  在绿地建设推进中，雄安新区始终坚持世界眼光、国际标准、中国特色、高点定位，坚持"绿水青山就是金山银山"的理念，坚持生态优先、绿色发展，统筹城水林田淀系统治理，通过大规模植树造林开展国土绿化，新区稳定健康的绿色生态基底正在形成，生态系统质量正在有效提升。

  树种关系到绿地系统健康和功能的稳定发挥，关系到雄安新区生态基底构建的重任。为此，我们在长期观察、广泛调查和大量收集信息的基础上，对新区优质乡土树种和新植的苗木生长情况进行了系统梳理，对不同树种对立地条件、气候条件、地下水位、土壤质地、盐碱度等因子表现的差异进行了重点观测，对植物形态特征、生态特性、栽植数量、分布情况、栽培表现、典型用途予以概括总结，为本地区后期绿化工作提供参考，并编著完成《雄安新区绿化树木》。

本书中所涉及的被子植物采用恩格勒系统进行排序，裸子植物采用郑万钧系统排序，所选的绿化树种共计338种（变种、品种），对部分新引进、适应性尚不稳定的树种暂未列入。

本书内容精炼，图文并茂，精选高清图片展示植物的实景效果，并附有中文、拉丁文名称索引，便于读者参照应用。希望本书可以为新区未来的植树造林和风景园林建设提供技术参考和经验借鉴，希望能够为打造"雄安质量"、创造"雄安样板"，做出"雄安贡献"。

本书由河北农业大学、中国雄安集团生态公司专业技术人员编写，在此过程中，还得到了中铁十二局、国家植物园、上海辰山植物园、保定植物园、保定竞秀公园、河北洪崖山国有林场、河北雾灵山国家级自然保护区、保定市风景园林行业协会、满城区苗圃场等单位的大力支持。书中图片主要由黄大庄拍摄，郑建伟、徐学华、苏蓓蓓、陈艳、孙建设、马风新、成克武、潘建芝等提供部分图片。对提供支持和帮助的单位和个人在此一并表示感谢！

限于我们的专业水平，书中难免存在缺点和错误，敬请读者批评指正。

目录

银杏科 Ginkgoaceae	铺地柏 28	**桦木科 Betulaceae**
银杏 12	翠柏 29	鹅耳枥 44
松科 Pinaceae	**三尖杉科 Cephalotaxaceae**	**壳斗科 Fagaceae**
白杄 13	粗榧 30	栓皮栎 45
青杄 14	**红豆杉科 Taxaceae**	**榆科 Ulmaceae**
油松 15	矮紫杉 31	白榆 46
白皮松 16	**胡桃科 Juglandaceae**	金叶榆 47
华山松 17	核桃楸 32	垂枝榆 48
乔松 18	核桃 33	大叶垂榆 49
雪松 19	枫杨 34	裂叶榆 50
杉科 Taxodiaceae	**杨柳科 Salicaceae**	大果榆 51
水杉 20	旱柳 35	脱皮榆 52
柏科 Cupressaceae	绦柳 36	榔榆 53
侧柏 21	龙爪柳 37	小叶朴 54
千头柏 22	馒头柳 38	大叶朴 55
金叶千头柏 23	垂柳 39	青檀 56
圆柏 24	金丝垂柳 40	**杜仲科 Eucommiaceae**
垂枝圆柏 25	毛白杨 41	杜仲 57
龙柏 26	抱头毛白杨 42	**桑科 Moraceae**
沙地柏 27	加杨 43	桑 58

龙桑	59	大花溲疏	84	新疆野苹果	115
垂枝桑	60	小花溲疏	85	山荆子	116
蒙桑	61	溲疏	86	海棠花	117
构树	62	白花重瓣溲疏	87	西府海棠	118
柘树	63	太平花	88	垂丝海棠	119
无花果	64	香茶藨子	89	北美海棠	120
木兰科 Magnoliaceae		蔷薇科 Rosaceae		八棱海棠	122
白玉兰	65	三裂绣线菊	90	梨	123
飞黄玉兰	66	金山绣线菊	91	杜梨	124
'黄鸟'布鲁克林木兰	67	金焰绣线菊	92	豆梨	125
二乔玉兰	68	柔毛绣线菊	93	秋子梨	126
紫玉兰	69	华北绣线菊	94	黄刺玫	127
星花玉兰	70	毛花绣线菊	95	多花蔷薇	128
望春玉兰	71	麻叶绣线菊	96	玫瑰	129
广玉兰	72	珍珠绣线菊	97	月季	130
杂种鹅掌楸	73	风箱果	98	棣棠	132
北五味子	74	紫叶风箱果	99	鸡麻	133
蜡梅科 Calycanthaceae		金叶风箱果	100	桃	134
蜡梅	75	华北珍珠梅	101	照手桃	135
小檗科 Berberidaceae		平枝栒子	102	菊花桃	136
紫叶小檗	76	水栒子	103	碧桃	137
掌刺小檗	77	山楂	104	红叶碧桃	138
黄芦木	78	山里红	105	垂枝碧桃	139
芍药科 Paeoniaceae		辽宁山楂	106	白花山碧桃	140
牡丹	79	甘肃山楂	107	寿星桃	141
猕猴桃科 Actinidiaceae		'保罗红'钝裂叶山楂	108	山桃	142
软枣猕猴桃	80	黄果山楂	109	白山桃	143
悬铃木科 Platanaceae		贴梗海棠	110	榆叶梅	144
二球悬铃木	81	木瓜海棠	111	杏	145
一球悬铃木	82	日本木瓜	112	山杏	146
虎耳草科 Saxifragaceae		木瓜	113	辽梅杏	147
东陵八仙花	83	苹果	114	陕梅杏	148

丰后梅	149	金枝槐	181	盐肤木	208
梅	150	金叶国槐	182	火炬树	209
李	152	刺槐	183	毛黄栌	210
紫叶李	153	毛刺槐	184	美国红栌	211
欧洲李	154	香花槐	185	漆树	212
美人梅	155	红花锦鸡儿	186	槭树科 Aceraceae	
紫叶矮樱	156	树锦鸡儿	187	三角槭	213
毛樱桃	157	葛	188	五角槭	214
郁李	158	紫藤	189	元宝槭	215
麦李	159	白花藤萝	190	复叶槭	216
樱桃	160	胡枝子	191	金叶复叶槭	217
大叶早樱	161	杭子梢	192	花叶复叶槭	218
垂枝樱	162	花木蓝	193	血皮槭	219
日本晚樱	163	紫穗槐	194	三花槭	220
日本樱花	164	芸香科 Rutaceae		青榨槭	221
稠李	165	臭檀	195	青楷槭	222
紫叶稠李	166	枳	196	茶条槭	223
白鹃梅	167	花椒	197	挪威槭	224
火棘	168	黄檗	198	红花槭	225
欧洲火棘	169	三叶椒	199	无患子科 Sapindaceae	
金露梅	170	苦木科 Simarubaceae		栾树	226
豆科 Leguminosae		臭椿	200	黄山栾树	227
合欢	171	红果臭椿	201	文冠果	228
山皂荚	172	千头椿	202	七叶树科 Hippocastanaceae	
皂荚	173	楝科 Meliaceae		七叶树	229
野皂荚	174	苦楝	203	红花七叶树	230
紫荆	175	香椿	204	欧洲七叶树	231
巨紫荆	176	大戟科 Euphorbiaceae		卫矛科 Celastraceae	
鱼鳔槐	177	一叶萩	205	丝棉木	232
槐树	178	雀儿舌头	206	大叶黄杨	233
龙爪槐	179	漆树科 Anacardiaceae		金边大叶黄杨	234
五叶槐	180	黄连木	207	银边大叶黄杨	235

北海道黄杨	236	胡颓子科 Elaeagnaceae		北京丁香	284
卫矛	237	牛奶子	260	北京黄丁香	285
胶州卫矛	238	沙枣	261	佛手丁香	286
扶芳藤	239	沙棘	262	迎春	287
金丝吊蝴蝶	240	大风子科 Flacourtiaceae		连翘	288
南蛇藤	241	毛叶山桐子	263	花叶连翘	289
省沽油科 Staphyleaceae		柽柳科 Tamaricaceae		金叶连翘	290
省沽油	242	柽柳	264	金钟花	291
黄杨科 Buxaceae		千屈菜科 Lythraceae		流苏	292
黄杨	243	紫薇	265	白蜡	293
朝鲜黄杨	244	银薇	266	金叶白蜡	294
鼠李科 Rhamnaceae		石榴科 Punicaceae		狭叶白蜡	295
枣	245	石榴	267	小叶白蜡	296
龙枣	246	花石榴	268	大叶白蜡	297
酸枣	247	山茱萸科 Cornaceae		洋白蜡	298
北枳椇	248	毛梾	269	大叶女贞	299
葡萄科 Vitaceae		沙梾	270	小叶女贞	300
葡萄	249	红瑞木	271	金叶女贞	301
山葡萄	250	山茱萸	272	辽东水蜡	302
葎叶蛇葡萄	251	灯台树	273	萝藦科 Asclepiadaceae	
五叶地锦	252	四照花	274	杠柳	303
爬山虎	253	柿科 Ebenaceae		马钱科 Loganiaceae	
椴树科 Tiliaceae		君迁子	275	互叶醉鱼草	304
蒙椴	254	柿	276	茜草科 Rubiaceae	
糠椴	255	木樨科 Oleaceae		薄皮木	305
紫椴	256	紫丁香	277	马鞭草科 Verbenaceae	
扁担杆	257	白丁香	278	荆条	306
锦葵科 Malvaceae		红丁香	279	白花荆条	307
木槿	258	裂叶丁香	280	白棠子树	308
梧桐科 Sterculiaceae		巧玲花	281	海州常山	309
梧桐	259	小叶巧玲花	282	臭牡丹	310
		暴马丁香	283		

唇形科 Labiatae		红雪果	320	欧洲荚蒾	334
木本香薷	311	六道木	321	琼花	335
茄科 Solanaceae		接骨木	322	皱叶荚蒾	336
枸杞	312	西洋接骨木	323	天目琼花	337
玄参科 Scrophulariaceae		猬实	324	菊科 Compositae	
毛泡桐	313	锦带花	325	蚂蚱腿子	338
白花泡桐	314	白锦带花	326	禾本科 Gramineae	
紫葳科 Bignoniaceae		花叶锦带花	327	早园竹	339
梓树	315	红王子锦带花	328	淡竹	340
楸树	316	金银木	329	黄槽竹	341
黄金树	317	金银花	330	阔叶箬竹	342
凌霄	318	蓝叶忍冬	331	百合科 Liliaceae	
忍冬科 Caprifoliaceae		郁香忍冬	332	凤尾兰	343
糯米条	319	盘叶忍冬	333		

主要参考文献 ·· 344

中文名索引 ·· 345

学名索引 ·· 349

银杏科 Ginkgoaceae

PLANT 001 银杏 *Ginkgo biloba* 银杏属

形态特征：落叶大乔木，高达40m。树皮灰褐色，不规则纵裂，有长枝与矩状短枝。叶互生，扇形，顶缘具缺刻或2裂。雌雄异株。种子核果状；外种皮肉质，被白粉，成熟时淡黄色或橙黄色；中种皮骨质，白色。花期4月，种子9月成熟。

生态特性：深根性树种，喜光，耐干旱，不耐水湿。在深厚肥沃的酸性或中性壤土中生长良好，不耐瘠薄和盐碱土。

观赏价值及应用：树体高大，树姿优美，秋叶金黄，是优良的秋色叶观赏树种。可作行道树、庭荫树或独赏树。用于街道绿化时，应选择雄株，以免种皮污染环境。

栽植表现：雄安新区大量栽植，表现良好。

松科　Pinaceae

PLANT 001　白杆　*Picea meyers*　云杉属

别名： 麦氏云杉。

形态特征： 常绿乔木，高达30m。树冠狭圆锥形。一年生枝黄褐色，基部宿存芽鳞先端向外反曲或开展。叶条形，横断面菱形，四面有白色气孔线；在小枝上排列较疏松。球果圆柱形，初期紫黑色，成熟时则变为黄褐色。花期4~5月，球果9~10月成熟。

生态特性： 浅根性树种，幼树生长缓慢，中龄后生长较快。耐阴性强；喜冷凉、湿润气候。喜排水良好、疏松的中性或微酸性土壤。

观赏价值及应用： 树体端正，冠型优美，枝叶茂密，苍翠可爱，有很高观赏价值。宜孤植、对植或片植，可作为独赏树、风景林树种。不太适宜低海拔地区高温气候，建议不要大量应用。

栽植表现： 雄安新区少量栽植，表现较好。

松科　Pinaceae

PLANT 002　青杆　*Picea wilsonii*　云杉属

别名： 魏氏云杉。

形态特征： 常绿乔木。高达50m。树冠塔形。一年生枝淡黄绿色或淡黄灰色，基部宿存芽鳞紧贴小枝。叶条形，四面有白色气孔线；在小枝上排列较密，上部向前伸展。球果圆柱形，下垂，初期浓紫色，成熟时则变为黄褐色。花期4~5月，球果9~10月成熟。

生态特性： 浅根性树种，生长较快。耐阴性强；喜冷凉、湿润气候。喜深厚而排水良好的中性或微酸性土壤。浅根性树种，幼树生长缓慢，中龄后生长较快。

观赏价值及应用： 树形端正，枝叶繁密，树冠层次清晰。宜孤植和片植，可作为独赏树、风景林树种。不太适宜低海拔地区高温气候，建议不要大量应用。

栽植表现： 雄安新区少量栽植，表现较好。

松科 Pinaceae

PLANT 003 油松 *Pinus tabulaeformis* 松属

形态特征： 常绿乔木。高达25m。树冠塔形或广卵形，老年期呈盘状伞形。树皮灰棕色，鳞片状开裂。针叶2针1束。球果卵形，可宿存枝上数年。花期4~5月，球果翌年9~10月成熟。

生态特性： 喜光，耐瘠薄，抗风，抗寒力较强。喜微酸性及中性土壤。怕水涝、盐碱，在重钙质土壤上生长不良。

观赏价值及应用： 树姿雄伟，形态古雅，四季常青，挺拔苍劲。适宜孤植、丛植、纯林群植和混交种植。可作行道树、庭荫树和风景区绿化树种。

栽植表现： 雄安新区大量栽植，表现良好。

松科 Pinaceae

PLANT 004 白皮松 *Pinus bungeana* 松属

形态特征： 常绿乔木，高达30m。树冠阔圆锥形、卵形或圆头形。树皮淡灰绿色或粉白色，呈不规则鳞片状剥落；一年生枝灰绿色，大枝自近地面处斜出。针叶3针1束。球果长卵形。花期4~5月，球果翌年9~10月成熟。

生态特性： 阳性树种，幼树耐半阴；耐寒、耐旱、不耐积水，对土壤环境要求不严，pH值7.5~8的土壤均能适应，对二氧化硫及烟尘污染有较强抗性。

观赏价值及应用： 树姿优美，树皮斑驳奇特，为优良的庭园观赏树种。适宜孤植、对植、群植，也可列植作行道树。

栽植表现： 雄安新区大量栽植，表现良好。

松科　Pinaceae

PLANT 005　华山松　*Pinus armandii*　松属

形态特征： 常绿乔木，高达35m。树冠广圆锥形。小枝圆柱形，平滑无毛。幼树树皮灰绿色，老则呈厚片状开裂。针叶5针1束。球果圆锥状长卵形，成熟时种鳞张开。花期4~5月，球果翌年9~10月成熟。

生态特性： 喜温暖、湿润气候。耐寒力较强，不耐炎热，不耐盐碱。能适应多种土壤，最适宜排水良好、深厚、湿润、疏松的中性或微酸性壤土。

观赏价值及应用： 树体高大挺拔，针叶苍翠，冠形优美，是优良的庭院绿化树种。宜孤植、丛植、群植；可用作园景树、庭荫树、行道树及景观林带树。

栽植表现： 雄安新区有栽植，表现较好。

松科　Pinaceae

PLANT 006　乔松　*Pinus griffithii*　松属

形态特征：常绿乔木，高达50m。枝条广展，形成宽塔形树冠。小枝灰绿色，微被白粉。针叶5针1束，细柔下垂，长10~20cm，腹面每侧具4~7条白色气孔线，横切面三角形。球果圆柱形，下垂。花期4~5月，球果翌年9~10月成熟。

生态特性：喜光；喜温暖、湿润的气候；耐干旱、瘠薄。对土壤环境要求不严，最适宜排水良好、疏松的中性或微酸性壤土。

观赏价值及应用：树干通直，冠形优美，松针细柔下垂，是优良的园林观赏树种。宜孤植、丛植或片植观赏。

栽植表现：雄安新区零星栽植，表现一般。

松科　Pinaceae

PLANT 007　雪松　*Cedrus deodara*　　雪松属

形态特征： 常绿大乔木，高达50m。枝条开展，树冠塔形。具长、短枝。叶针状三棱形，在长枝上散生，在短枝顶端簇生。雌球花绿色或带紫色，着生在短梗上。球果椭圆状卵形，顶端圆钝，熟时赤褐色。花期10~11月，球果翌年9~10月成熟。

生态特性： 喜光，稍耐阴。耐干旱，不耐水湿，抗寒性较强。浅根性，抗风力差。对土壤要求不严，对二氧化硫等有害气体抗性较弱。

观赏价值及应用： 树体高大，树形优美，为世界著名观赏树种。宜孤植于草坪、庭院、广场或绿地中央作园景树；也可对植于园门入口、列植于园路两旁，形成甬道。

栽植表现： 雄安新区少量栽植，易发生冻害。

杉科　Taxodiaceae

PLANT 001　水杉　*Metasequoia glyptostroboides*　水杉属

形态特征： 落叶乔木，高达35m。树冠尖塔形，树皮灰褐色或深灰色，条片状开裂。小枝对生或近对生。叶条形，交互对生，在小枝上排成羽状二列，冬季与无芽小枝一同脱落。球果近球形，成熟时深褐色。花期3月下旬，球果当年11月成熟。

生态特性： 喜光，有较强的耐寒能力。喜温暖湿润气候，耐水湿能力极强，在长期积水或排水不良的地方正常生长。

观赏价值及应用： 树形优美，秋叶金黄或古铜色，是优良的秋色叶观赏树种。宜在公园、庭院、草坪、绿地中孤植、列植或群植。尤其适宜于堤岸、湖滨、池畔、庭院等湿地栽植应用。

栽植表现： 雄安新区少量栽植，表现一般。

柏科　Cupressaceae

PLANT 001　侧柏　*Platycladus orientalis*　侧柏属

形态特征： 常绿高大乔木。树冠广卵形，树皮淡灰褐色，条片状纵裂。一年生小枝排成平面。叶片鳞形。雌雄同株异花，雌雄花均单生于枝顶。球果阔卵形，近熟时蓝绿色被白粉，种鳞4对，熟时张开，种子脱出，种子卵形。花期3~4月，种熟期9~10月。

生态特性： 喜光、耐寒、耐旱、抗盐碱；喜钙质土壤。侧根发达，萌芽性强，耐修剪，寿命长。

观赏价值及应用： 树干苍劲，气魄雄伟，肃静清幽。适宜孤植、列植、片植；也可作绿篱栽植应用。

柏科　Cupressaceae

千头柏
Platycladus orientalis 'Sieboldii'

侧柏属

形态特征： 侧柏的栽培变种。常绿灌木，高可达3~5m。植株丛生状，树冠卵圆形或圆球形。叶鳞形，交互对生，紧贴于小枝，两面均为绿色。花期3~4月，球花单生于小枝顶端。球果卵圆形，肉质，蓝绿色，被白粉，熟时红褐色。果期10~11月。

生态特性： 喜光、耐寒、耐旱、抗盐碱；适应性强，对土壤要求不严，不耐积水。

观赏价值及应用： 树冠浑圆，适宜在草坪、绿地、庭院等孤植、群植观赏；也可作绿篱。千头柏喜光，应栽种于光照充足处，过度遮阴易使植株枝叶稀疏，不利于造型。

柏科　Cupressaceae

PLANT 003

金叶千头柏
Platycladus orientalis 'Semperarescens'

侧柏属

形态特征： 常绿灌木。植株丛生状，树冠卵圆形或圆球形。叶鳞形，叶色金黄。

生态特性： 侧柏的栽培变种。喜光、耐寒、耐旱、抗盐碱；适应性强，对土壤要求不严，不耐积水。

观赏价值及应用： 树冠浑圆，叶色金黄，适宜在草坪、绿地、庭院等孤植、群植观赏。

柏科　Cupressaceae

PLANT 004　圆柏　*Sabina chinensis*　圆柏属

形态特征： 常绿乔木，高达20m。树冠尖塔形或圆锥形。树皮深灰色或暗红褐色，狭条纵裂脱落；基部大枝平展，上部逐渐斜上。叶深绿色，叶有两种，鳞叶交互对生，多见于老树或老枝上；刺叶常3枚轮生。雌雄异株。球果近圆球形，密被白粉。花期4月下旬，球果翌年10~11月成熟。

生态特性： 喜光、较耐阴。喜凉爽温暖气候，忌积水，耐修剪，易整形。耐寒、耐热，对土壤要求不严，能适应酸性、中性及石灰质土壤。

观赏价值与应用： 树冠尖塔形或圆锥形，树形优美。应用于公园或作为行道树。幼树耐修剪，为优良的绿篱植物。也可作桩景、盆景应用。圆柏树型多样，主要栽培变种有河南桧、望都塔桧、北京桧等。

圆柏－北京桧

圆柏－桧柏　　圆柏－望都塔桧

柏科　Cupressaceae

PLANT 005　垂枝圆柏　*Sabina chinensis* f. *pendula*　圆柏属

别名： 垂枝柏。
形态特征： 圆柏的变型种。枝长，小枝下垂。
生态特性： 喜阳。
观赏价值与应用： 应用于公园绿地。

柏科 Cupressaceae

PLANT 006 龙柏 *Sabina chinensis* 'Kaizuka' 圆柏属

形态特征： 圆柏的栽培变种。枝扭曲上升。叶全部为鳞形叶，深绿色。球果近圆球形，密被白粉。

生态特性： 喜光树种，也较耐阴。喜凉爽温暖气候，忌积水，耐修剪，易整形。耐寒、耐热，对土壤要求不严，能适应酸性、中性及石灰质土壤。

观赏价值与应用： 树冠尖塔形或圆锥形，树枝螺旋状扭曲上升。宜孤植、群植作园景树，也可列植作行道树应用。

柏科 Cupressaceae

PLANT 007 沙地柏 *Sabina vulgaris* 圆柏属

形态特征： 常绿灌木。小枝近圆形，密集，斜向上开展。叶两型，具鳞形叶和刺形叶；在小枝上交叉对生。雌雄异株。球果熟时呈暗褐紫色。

生态特性： 喜光，耐寒、耐旱、耐瘠薄，对土壤要求不严，不耐涝。

观赏价值及应用： 枝条匍匐地面生长，是优良木本常绿地被树种。常植于坡地观赏及护坡，或作为常绿地被。

柏科　Cupressaceae

PLANT 008　铺地柏　*Sabina procumbens*　圆柏属

形态特征： 常绿匍匐小灌木。枝干贴近地面伸展，小枝密生。叶均为刺形叶，先端尖锐，3叶交互轮生，表面有2条白色气孔线，下面基部有2个白色斑点，叶基下延。球果圆球形，内含种子2~3粒。

生态特性： 阳性树种，喜光，稍耐阴，对土质要求不严，耐寒力、萌生力均较强。

观赏价值及应用： 枝条匍匐地面生长，小枝上常生有不定根，是优良的常绿地被树种。宜配植于花坛、山石或绿地边缘作地被观赏。也是护坡的良好地被植物，亦适宜盆栽观赏。

柏科　Cupressaceae

PLANT 009　翠柏　*Sabina squamata*　　翠柏属

形态特征： 常绿灌木或小乔木。嫩枝黄绿色，老枝红褐色，片状剥落，枝斜向上，小枝短直。叶狭披针形，直立，翠蓝色，极美丽。果单个腋生，呈椭圆形，内有种子1粒。花期3~4月，果期10月。在我国北方多不开花结籽。

生态特性： 喜光，耐寒，耐旱，幼树稍耐阴。喜湿润气候，怕渍水。各种土壤均可生长，但在半砂质壤土上生长较好。

观赏价值及应用： 叶色翠蓝，自然长成各种姿态，树形优美，是优良的园林绿化树种。可作公园、庭院、绿地栽植观赏，也可作盆景观赏。

三尖杉科 Cephalotaxaceae

PLANT 001 粗榧 *Cephalotaxus sinensis* 三尖杉属

形态特征： 常绿灌木或小乔木。树皮灰色或灰褐色，裂成薄片状脱落。叶条形，排列成羽状2列。雄球花6~7枚聚生成头状。种子通常2~5个着生于轴上，卵圆形、椭圆状卵形或近球形。花期3~4月，种子8~10月成熟。

生态特性： 阴性树种，喜温凉、湿润气候。生长缓慢，有较强的萌芽力，一般每个生长期萌发3~4个枝条。耐修剪，不耐移植。

观赏价值与应用： 树冠整齐，针叶粗硬，有较高的观赏价值。宜孤植、丛植、片植。萌芽性强，耐修剪，幼树宜进行修剪造型，也可作盆栽或孤植造景。尽量选择背风向阳的小气候区域栽植应用。

红豆杉科　Taxaceae

PLANT 001　矮紫杉　*Taxus cuspidata*　红豆杉属

别名： 东北红豆杉。

形态特征： 常绿灌木。树形矮小，枝条密集，树姿秀美。叶螺旋状着生，呈不规则两列，条形，基部窄，有短柄，上面绿色有光泽，下面有两条灰绿色气孔线。假种皮鲜红色，异常亮丽。花期5~6月，种子9~10月成熟。

生态特性： 耐寒，又有极强的耐阴性，耐修剪，怕涝；浅根性，侧根发达，生长迟缓；喜生于富含有机质的湿润土壤中；在空气湿度较高处生长良好。

观赏价值与应用： 姿态秀雅，叶枝婆娑，浓密翠绿，观赏价值高。适宜在草坪、绿地孤植或群植，又可作为绿篱栽植应用。

胡桃科 Juglandaceae

PLANT 001 核桃楸 *Juglans mandshurica*   胡桃属

形态特征： 落叶乔木。树皮灰色，浅纵裂。叶互生，奇数羽状复叶，小叶9~17枚。花单性，雌雄同株。果球形、卵圆形、顶端稍尖；核果外果皮肉质，核果卵形。花期5月，果期8~9月。

生态特性： 喜光、耐寒性强，喜生于深厚、肥沃、排水良好的土壤，在土层深厚的砂壤土上生长良好。主根深根性、抗风，根蘖性和萌芽力强。

观赏价值及应用： 树冠宽阔，枝干粗壮，枝叶繁茂，是极具观赏价值的乡土树种。适宜在园林绿地孤植、群植，也可列植作行道树应用。核桃楸体内产生的挥发性气体有杀菌、驱虫、净化空气的作用，是医院、疗养区理想的绿化树种。

胡桃科　Juglandaceae

PLANT 002　核桃　*Juglans regia*　胡桃属

形态特征： 落叶乔木。树皮灰白色，浅纵裂。羽状复叶，椭圆状卵形至椭圆形，全缘或有不明显钝齿，表面深绿色。雄柔荑花序；雌花聚生，花柱2裂，赤红色。果实球形，灰绿色；幼时具腺毛，老时无毛，内部坚果球形，黄褐色，表面有不规则槽纹。花期4月，果期8~9月。

生态特性： 喜光，喜温暖、凉爽的气候，不耐湿热。深根性树种，在土层深厚、肥沃、结构疏松、保水性和透气性良好的砂壤或中壤土上生长良好。对土壤干旱的抗性较差。

观赏价值及应用： 核桃树冠雄伟，树干洁白，枝叶繁茂，绿荫盖地。适宜在园林绿地中孤植观赏，也可列植作行道树应用。

胡桃科 Juglandaceae

PLANT 003 枫杨 *Pterocarya stenoptera* 枫杨属

形态特征： 落叶乔木。树冠扁球形。树皮幼时赤褐色，平滑，后灰暗褐色，浅裂。小枝的髓心呈片状分隔。裸芽，密被锈褐色毛。奇数羽状复叶，互生，小叶9~23枚，小叶矩圆形或窄圆形，边缘有细齿。花单性同株，柔荑花序，雄花序生于叶腋，雌花序生于枝顶，花期5月。结成串元宝状果实，果序下垂，10月果熟，坚果两侧具翅。

生态特性： 喜光，稍耐阴。较耐寒，但喜温暖、湿润环境。对土壤要求不严，在酸性及微碱性土壤中均可生长。耐水湿，不畏浸淹。对二氧化硫及氯气的抗性较弱。

观赏价值及应用： 枫杨生长迅速，适应性强，寿命长。翅果翠绿成串，挂果时间长达半年之久，可观赏。宜作遮阴树及行道树。因根系发达、较耐水湿，常作水边护岸固堤及防风林树种。

杨柳科　Salicaceae

PLANT 001　旱柳　*Salix matsudana*　柳属

形态特征： 落叶乔木。树冠圆卵形或倒卵形。枝条斜展，小枝淡黄色或绿色，无顶芽。叶互生，披针形至狭披针形，叶背有白粉；托叶披针形，早落。雌雄异株，柔荑花序，雌花有2腺体。种子细小，基部有白色长毛。花期3月，果期4~5月。

生态特性： 喜光，较耐寒，耐干旱。耐水湿，稍耐盐碱，对大气污染的抗性较强。

观赏价值及应用： 枝条柔软，树冠丰满，展叶早落叶迟，绿期长，是常用的庭荫树、行道树。常栽培在河湖岸边或孤植于草坪，对植于建筑两旁。

杨柳科　Salicaceae

PLANT 002　绦柳　*Salix matsudana* f. *pendula*　柳属

形态特征：旱柳的变型。落叶大乔木。枝条细长，柔软下垂，褐绿色，无毛；冬芽线形，密生于枝条。叶互生，线状披针形，表面浓绿色，背面灰白色。花开于叶后，雌雄异株，柔荑花序，有短梗；雌花有2腺体。果实为蒴果，成熟后2瓣裂，内藏种子多枚，种子细小，基部有白色绵毛。花期3月。

生态特性：喜光，耐寒性强，耐水湿又耐干旱。对土壤要求不严，干瘠沙地、低湿沙滩和弱盐碱地上均能生长。

观赏价值与应用：枝条光滑柔软、状若丝绦，纷披下垂。常栽培在河湖岸边或孤植于草坪，对植于建筑两旁。尤其适宜在水池或溪流边栽植。

杨柳科　Salicaceae

PLANT 003　龙爪柳　*Salix matsudana* f. *tortusa*　柳属

形态特征： 旱柳的变型种。落叶小乔木。树冠广圆形；小枝绿色或绿褐色，不规则扭曲。叶互生，线状披针形，上面绿色，叶背粉绿色，全叶呈波状弯曲。单性异株，柔荑花序，蒴果。花期3~4月，果期4~5月。

生态特性： 喜光，耐寒、耐旱。对土壤要求不严，也较耐盐碱，湿地、旱地皆能生长，以湿润而排水良好土壤上生长最好。

观赏价值与应用： 树形美观，枝条盘曲，极具观赏价值。适合在庭院、路旁、河岸、池畔、草坪等地栽植观赏，特别适合冬季观赏枝干。

杨柳科 Salicaceae

PLANT 004 馒头柳 *Salix matsudana* f. *umbraculifera* 柳属

形态特征： 树冠半圆形，分枝密，端稍整齐，状如馒头。树皮暗灰黑色，有裂沟；枝细长，无毛。芽微有短柔毛。叶披针形。花序与叶同时开放；雄花序圆柱形。花期3月，果期4~5月。

生态特性： 喜温凉气候，耐污染，速生，耐寒，耐湿，耐旱。在黏重土壤及重盐碱地上生长不良。不耐庇荫，喜水湿又耐干旱。

观赏价值与应用： 树冠圆整丰满，树形优美，是中国北方优良的园林绿化树种。宜孤植、丛植及列植。可作庭荫树、行道树、护岸树，常栽培在河湖岸边或孤植于草坪，对植于建筑物两旁。

杨柳科　Salicaceae

PLANT 005　垂柳　*Salix babylonica*　柳属

形态特征： 乔木。树冠开展而疏散；树皮灰黑色，不规则开裂；小枝细长下垂。叶狭披针形至线状披针形，先端渐长尖。雄花具2雄蕊，2腺体；雌花子房仅腹面具1腺体。花期3月，果熟期4~5月。

生态特性： 喜光，喜温暖湿润气候及潮湿深厚之酸性及中性土壤。较耐寒，特耐水湿，但亦能生于土层深厚之高燥地区。萌芽力强，根系发达。生长迅速，寿命较短，30年后渐趋衰老。

观赏价值及应用： 枝条细长，柔软下垂，随风飘舞，姿态优美潇洒，为重要的庭院观赏树。最宜配植在水边，如桥头、池畔、河流、湖泊等水系沿岸处。与桃花间植可形成桃红柳绿之景，是园林春景的特色配植方式之一。可用作行道树、庭荫树、固岸护堤树。

杨柳科　Salicaceae

PLANT 006　金丝垂柳

Salix babylonica × *Salix vitellina* 'Pendula Aurea'　　　柳属

形态特征： 树冠长卵圆形或卵圆形，枝条细长下垂。小枝黄色或金黄色。叶狭长披针形，缘有细锯齿。幼年树皮黄色或黄绿色。秋季新梢、主干逐渐变黄，冬季通体金黄色。花期3月。

生态特性： 喜光，耐干旱，耐盐碱，以湿润、排水良好的土壤为宜。较耐寒，特耐水湿。萌芽力强，根系发达，生长迅速。

观赏价值与应用： 树姿优美，枝条金黄，柔软下垂，随风飘舞，姿态婆娑潇洒，具有独特的观赏价值。最宜配植在水边观赏，也可作行道树、庭荫树或孤植于草地、建筑物旁。

杨柳科　Salicaceae

PLANT 007　毛白杨　*Populus tomentosa*　杨属

形态特征： 高大乔木。树皮灰白色，老时深灰色，纵裂。叶互生，卵圆形，叶缘具波状齿；皮孔菱形。雌雄异株，柔荑花序，先叶开放。花期3月，果期4月。

生态特性： 强阳性树种。深根性，适应性较强。对土壤要求不严，喜深厚肥沃砂壤土，黏土、壤土或低湿轻度盐碱土均能生长。耐烟尘，抗污染。

观赏价值及应用： 树体高大挺拔，姿态雄伟，叶大荫浓，生长较快，适应性强，寿命长，是优良的绿化树种。常用作行道树、庭荫树或营造防护林。

杨柳科　Salicaceae

抱头毛白杨
Populus tomentosa var. *fastigiata*

杨属

形态特征： 白杨派种间杂交选育的新品种。落叶乔木，树干通直，幼时树皮光滑，灰褐色，成年树有明显散生皮孔，老年树干灰褐色、纵裂。树冠窄卵圆形。花期3月，果期4月。

生态特性： 阳性树种，较耐寒，喜生长在深厚、肥沃、湿润的壤土或砂壤土，稍耐盐碱，根较深，耐移植。

观赏价值及应用： 树体高大挺拔，姿态雄伟，是理想的行道树树种，可作为风景林、防护林、河岸树，也可在园林绿地孤植、群植观赏。

杨柳科　Salicaceae

PLANT 009　加杨　*Populus canadensis*　杨属

形态特征： 乔木。小枝较粗，髓心不规则五角形。顶芽发达，芽鳞数枚。树皮灰黑色，冬芽长圆锥形，富黏质。叶三角形至三角状卵形，叶缘半透明。花序下垂，苞片淡绿褐色。蒴果卵圆形。花期3~4月，果期5~6月。

生态特性： 喜光，喜湿润，在多种土壤上都能生长，在土壤肥沃、水分充足的立地条件下生长良好，有较强的耐旱能力。

观赏价值及应用： 枝叶茂密、树大荫浓，适应能力较强，尤其对大气污染抗性较强。适作行道树、庭荫树、防护林和"四旁"绿化树等。

桦木科　Betulaceae

PLANT 001　鹅耳枥　*Carpinus turczaninowii*　鹅耳枥属

形态特征： 树皮暗灰褐色，粗糙。枝细瘦，灰棕色。叶片顶端锐尖或渐尖，边缘具规则或不规则的重锯齿，叶柄疏被短柔毛。果序轴被短柔毛；果苞变异较大，疏被短柔毛，外侧的基部无裂片，小坚果宽卵形，无毛。花期4月，果熟期9、10月。

生态特性： 耐寒、耐旱，适应性强。

观赏价值与应用： 枝叶茂密，叶形秀丽，果穗奇特，观赏价值较高。宜作为庭院观赏或作风景树应用。

壳斗科　Fagaceae

PLANT 001　栓皮栎　*Quercus variabilis*　栎属

形态特征： 落叶乔木。树皮条状纵裂，木栓层发达。叶长椭圆形或长椭圆状披针形，边缘有锯齿，齿端刺芒状，叶背面密生灰白色星状短绒毛。坚果圆形或卵圆形，近无柄；壳斗杯形，包围坚果2/3以上；苞片锥形，向外反卷。花期5月，果期10月。

生态特性： 喜光，幼苗能耐阴。适应性强，抗风、抗旱、耐瘠薄，在酸性、中性及钙质土壤均能生长。

观赏价值及应用： 叶色季相变化明显，叶片冬季宿存，是良好的秋色叶观赏树种。宜孤植于园林绿地，也是营造风景林、防风林、水源涵养林及防护林的优良树种。

栽植表现： 雄安新区少量栽植，表现良好。

45

榆科 Ulmaceae

PLANT 001 白榆 *Ulmus pumila*   榆属

形态特征： 落叶乔木，树冠圆球形。小枝灰白色，无毛。叶椭圆状卵形或椭圆状披针形，先端尖或渐尖，老叶质地较厚。花簇生。翅果近圆形，熟时黄白色，无毛。花3月先叶开放；果熟期4~6月。

生态特性： 喜光，耐旱，耐寒，耐瘠薄，不择土壤，适应性很强。萌芽力强，耐修剪。不耐水湿。

观赏价值及应用： 树形高大，绿荫较浓，适应性强，生长快。可作为行道树、庭荫树、庭院绿化、防护林和四旁绿化树种。

榆科　Ulmaceae

PLANT 002　金叶榆　*Ulmus pumila* 'Jinye'　　　榆属

形态特征： 白榆的栽培品种。树皮暗灰色。单叶互生，叶片卵状长椭圆形，金黄色，先端尖，基部稍歪，边缘有不规则单锯齿。花于叶腋排成簇状花序。翅果近圆形，种子位于翅果中部。花期3~4月，果期4~6月。

生态特性： 喜光，耐寒，耐旱，能适应干凉气候。喜肥沃、湿润而排湿良好的土壤，不耐水湿。

观赏价值与应用： 枝条密集，树冠丰满，叶片金黄，优良的常色叶树种。广泛应用于道路、庭院及公园绿地。可孤植、列植、群植。耐修剪，易造型，可作为冠球、云片造型树以及绿篱等多种形式应用。

榆科 Ulmaceae

PLANT 003 垂枝榆 *Ulmus pumila* var. *pendula* 榆属

形态特征： 落叶小乔木。枝条柔软，细长下垂，生长快，自然造型好，树冠丰满。单叶互生，椭圆状窄卵形或椭圆状披针形，基部偏斜，叶缘具单锯齿。花先叶开放。翅果近圆形。花期3~4月，果期4~6月。

生态特性： 喜光，抗干旱、耐盐碱、耐寒。喜肥沃、湿润而排水良好的土壤，不耐水湿。

观赏价值及应用： 树干通直，枝条下垂，细长柔软，树冠圆形蓬松，是园林绿化的优良观赏树种。可孤植、列植或群植于庭院、园林绿地观赏。

榆科 Ulmaceae

⋯ PLANT 004 ⋯ 大叶垂榆　　*Ulmus americana* 'Pendula' 榆属

形态特征： 落叶小乔木。枝条柔软，细长下垂，生长快，自然造型好，树冠丰满。单叶互生，椭圆状窄卵形或椭圆状披针形，长2~9cm，基部偏斜，叶缘具单锯齿。花先叶开放。翅果近圆形。花期3~4月，果期4~6月。

生态特性： 喜光，稍耐阴，耐轻盐碱，深根性，抗风力强。

主要价值： 观赏价值极高，是城市街道、公园、小区及学校等美化环境的优良树种之一。

榆科 Ulmaceae

PLANT 005 裂叶榆 *Ulmus laciniata* 榆属

形态特征： 落叶乔木。树皮淡灰褐色或灰色，浅纵裂，裂片较短，常翘起，表面常呈薄片状剥落。叶倒卵形、倒三角形、倒三角状椭圆形或倒卵状长圆形，先端通常3~7裂，裂片三角形，渐尖或尾状，叶面密生硬毛，叶柄极短。花排成簇状聚伞花序。翅果椭圆形或长圆状椭圆形。花果期4~5月。

生态特性： 适应性强，耐盐碱，耐寒，喜光，稍耐阴，较耐干旱瘠薄。在土壤深厚、肥沃、排水良好的地方生长良好。

观赏价值及应用： 植株高大，树冠丰满，叶片先端多裂，观赏价值高。春季发芽早，适于作行道树及庭院观赏。

榆科　Ulmaceae

| PLANT 006 | 大果榆 | *Ulmus macrocarpa* | 榆属 |

形态特征：落叶乔木或灌木，高达20m。树皮暗灰色或灰黑色，纵裂，粗糙，小枝具对生而扁平的木栓翅。叶宽倒卵形、倒卵状圆形、倒卵状菱形或倒卵形，稀椭圆形，厚革质。花自花芽或混合芽抽出，在去年生枝上排成簇状聚伞花序或散生于新枝的基部。翅果宽倒卵状圆形、近圆形或宽椭圆形，基部偏斜或近对称，果核部分位于翅果中部。花果期4~5月。

生态特性：阳性树种，耐干旱，能适应碱性、中性及微酸性土壤。

观赏价值及应用：大果榆冠大荫浓，小枝具木栓翅，翅果巨大，叶秋季变红，观赏价值高。适应性强，适于园林绿地及乡村四旁绿化。

榆科 Ulmaceae

PLANT 007 脱皮榆 *Ulmus lamellosa* 榆属

形态特征： 落叶小乔木。高8~12m，胸径15~20cm。树皮灰色或灰白色，不断地裂成不规则薄片脱落。叶倒卵形，长5~10cm，宽2.5~5.5cm，先端尾尖或骤凸，基部楔形或圆，稍偏斜，叶面粗糙，中脉近基部与叶柄被伸展的腺状毛或柔毛，边缘兼有单锯齿与重锯齿。花常自混合芽抽出，春季与叶同时开放。翅果常散生于新枝的近基部，稀2~4个簇生于去年生枝上，圆形至近圆形。

生态特性： 喜光，稍耐阴，常生长于沟谷杂木林中。喜温暖湿润气候，亦能耐-20℃的短期低温；对土壤的适应性较广，耐干旱瘠薄。

观赏价值与应用： 树形美观，树干脱皮奇特，有观赏价值。可用于公园、街头绿地及小区绿化。

榆科　Ulmaceae

PLANT 008　榔榆　*Ulmus parvifolia*　榆属

形态特征： 落叶乔木，高达25m。树冠广圆形，树皮灰色或灰褐色，裂成不规则鳞状薄片剥落。叶质地厚，披针状卵形或窄椭圆形。花3~6朵在叶腋簇生或排成簇状聚伞花序。翅果椭圆形或卵状椭圆形。花果期8~10月。

生态特性： 喜光，耐干旱，在酸性、中性及碱性土上均能生长，但以气候温暖、土壤肥沃、排水良好的中性土壤为最适宜的生境。

观赏价值与应用： 树形优美，姿态潇洒，树皮斑驳，枝叶细密，在庭院中孤植、丛植，或与亭榭、山石配置都很合适。也可选作厂区、住宅绿化树种。

榆科　Ulmaceae

PLANT 009　小叶朴　*Celtis bungeana*　朴属

别名： 黑弹树。

形态特征： 落叶乔木。树冠倒宽卵形至扁球形，小枝无毛。叶卵形、宽卵形或卵状长椭圆形，基部偏斜，中部以上有浅钝锯齿。核果单生，近球形，熟时紫黑色，果柄长为叶柄长的2倍或更长。花期5~6月，果期9~10月。

生态特性： 喜光，稍耐阴，耐寒，喜深厚、湿润的中性黏质土壤。萌蘖力强，生长较慢。

观赏价值与应用： 树冠宽阔、圆整，适应性强，是优良的城市绿化树种。宜孤植、列植。可作庭荫树，也可作行道树。

榆科　Ulmaceae

PLANT 010　大叶朴　*Celtis koraiensis*　朴属

形态特征： 落叶乔木，高达15m。树皮灰色或暗灰色，浅微裂；当年生小枝老后褐色至深褐色，散生小而微凸、椭圆形的皮孔；冬芽深褐色，内部鳞片具棕色柔毛。叶椭圆形至倒卵状椭圆形，少为倒广卵形，先端截形，齿裂，基部稍不对称，宽楔形至近圆形或微心形。果单生叶腋，近球形至球状椭圆形，成熟时橙黄色至深褐色。花期4~5月，果期9~10月。

生态特性： 喜光，稍耐阴，耐寒，喜深厚、湿润的中性黏质土壤。生长较慢。

观赏价值与应用： 树冠宽阔、圆整，适应性强，是优良的城市绿化树种。宜孤植、列植。可作庭荫树，也可作行道树。

榆科　Ulmaceae

PLANT 011　青檀　*Pteroceltis tatarinowii*　青檀属

形态特征： 落叶乔木。树皮深灰色，片状剥裂。小枝细，疏被柔毛或无毛。单叶互生，叶质薄，基部稍偏斜，三出脉。花单性，雄花簇生，雌花单生于叶腋，果柄细长。小坚果周围有薄翅。花期3~4月，果期8~10月。

生态特性： 喜光，稍耐阴，耐干旱瘠薄，常生于石灰岩的低山区及溪流河谷两岸。根系发达，萌芽力强，寿命长。

观赏价值与应用： 树形美观，树皮暗灰色，片状剥落，千年古树老干虬枝，形态各异，秋叶金黄，季相分明，极具观赏价值。可孤植、片植于庭院、园林绿地，也可作为行道树。耐修剪，也是优良的盆景观赏树种。

杜仲科 Eucommiaceae

PLANT 001 杜仲 *Eucommia ulmoides* 杜仲属

形态特征： 落叶乔木。小枝光滑，黄褐色或较淡，具片状髓。皮、枝及叶均含胶质。单叶互生，椭圆形或卵形，先端渐尖，基部广楔形，边缘有锯齿。花单性，雌雄异株。翅果卵状长椭圆形而扁，先端下凹。花期4月，果期9月。

生态特性： 喜光，不耐阴，喜温暖湿润气候及肥沃、湿润、深厚而排水良好的土壤。适应性强，在酸性、中性及微碱性土上均能正常生长。对二氧化硫、氟化氢等有毒气体抗性较强。

观赏价值及应用： 树形整齐，叶色浓绿，遮阴效果良好，生长迅速，适应性强，是优良的庭荫树及行道树。宜在园林绿地及庭院孤植、列植。

栽植表现： 雄安新区多有栽植，表现良好。

桑科　Moraceae

 PLANT 001　桑　*Morus alba*　桑属

形态特征： 落叶乔木。叶卵形或宽卵形，基部圆形或心形，稍偏斜，锯齿粗钝，幼叶上面无毛有光泽，下面沿脉被疏毛。花雌雄异株，柔荑花序，花柱短或无，柱头2，宿存。聚花果圆柱形，熟时紫黑色、红色或近白色。花期4月，果期5~6月。

生态特性： 喜光及温暖湿润气候，耐寒，耐干旱瘠薄和水湿，在微酸性、石灰质和轻盐碱土壤上均能生长。萌蘖性强，耐修剪。对硫化氢、二氧化氮等有毒气体抗性强。

观赏价值与应用： 树冠宽阔，枝繁叶茂，秋季叶色变黄，颇为美观。可以作孤赏树、庭荫树。

桑科 Moraceae

PLANT 002 龙桑 *Morus alba* 'Tortuosa'

桑属

别名： 龙爪桑。

形态特征： 落叶小乔木。树皮黄褐色，枝条均呈龙游状扭曲，幼枝有毛或光滑。叶片有心形和卵圆形，叶形中等，有光泽；基部圆形或心形，边缘具粗锯齿或有时不规则分裂；表面无毛，背面脉上或脉腋有毛。花单生，雌雄异株，腋生穗状花序。花期4月，聚花果5~6月成熟，黑紫色或白色。

生态特性： 喜光，幼树稍耐阴，喜温暖、湿润气候，耐寒。对土壤要求不严，最喜排水良好、深厚肥沃的土壤，耐旱涝，耐贫瘠。抗风力强，对有毒气体抗性强。

观赏价值与应用： 树冠宽阔，枝叶茂密，枝条扭曲似游龙，秋季叶色变黄，颇为美观。可培养成中干树形、丛干树形、高干乔木。宜孤植、列植、片植、散植于庭院或园林绿地。枝条可作为盆景、插花材料。

桑科 Moraceae

PLANT 003　垂枝桑　*Morus alba* 'Pendula'　桑属

形态特征： 落叶小乔木。枝条细长下垂。叶片碧绿，卵形或广卵形，基部圆形至浅心形。花单性，腋生或生于芽鳞腋内，雄花序下垂，雌花无梗。聚花果卵状椭圆形，成熟时红色或暗紫色。花期4月，果期5~6月。

生态特性： 喜光，耐寒，耐旱涝贫瘠，抗风力强，适生性强。

观赏价值与应用： 枝条柔软下垂，分杈少，而基部萌芽抽条多，容易养成树形。适宜在庭院、园林绿地孤植、对植观赏。也可培养成中高干树形用作行道绿化。

桑科　Moraceae

PLANT 004　蒙桑　*Morus mongolica*　桑属

形态特征： 落叶乔木或灌木。叶互生，边缘具锯齿，全缘至深裂。花雌雄异株或同株，或同株异序，雌雄花序均为穗状。聚花果卵状椭圆形，成熟时红色至紫黑色。花期4月，果期4~5月。

生态特性： 喜光，耐寒，耐旱涝贫瘠，抗风力强，适生性强。

观赏价值与应用： 叶片全缘或深裂，形态多样，秋季叶色变黄，颇为美观。宜作庭荫树或防护林树种。

桑科 Moraceae

PLANT 005 构树 *Broussonetia papyrifera* 构属

形态特征： 落叶乔木，树皮平滑。小枝密被丝状刚毛。叶宽卵形或长椭圆状卵形，基部略偏斜，圆形或心形，缘具粗齿，不裂或不规则2~5裂，两面密生柔毛，下面更密。聚花果球形，成熟时橙红色；小核果扁球形，表面被小瘤。花期4~5月，果期5~8月。

生态特性： 喜光，适应性强；耐干旱瘠薄。生长快，萌芽力强，对烟尘及有毒气体抗性强，病虫害少。

观赏价值与应用： 枝叶茂密抗性强，生长快，繁殖容易，聚花果鲜红艳丽。适合用作庭荫树及防护林树种。

桑科　Moraceae

PLANT 006　柘树　*Cubrania tricusopiclata*　橙桑属

形态特征： 落叶小乔木。树皮薄片状剥落。小枝无毛，常有枝刺。叶卵圆形或卵状披针形，多变，先端渐尖，基部楔形或圆形，全缘或3裂，幼时两面疏被柔毛，老时下面沿脉被毛。花序具短柄，单生或成对腋生。聚花果近球形，肉质，红色。花期5~6月，果期9~10月。

生态特性： 喜光，耐干旱瘠薄，较耐寒，在石灰性钙质土壤上生长良好。生长慢。

观赏价值与应用： 可作孤植树；小枝具枝刺，可作绿篱、刺篱。

桑科　Moraceae

PLANT 007　无花果　*Ficus carica*　无花果属

形态特征： 落叶灌木，高3~10m。多分枝；树皮灰褐色，皮孔明显；小枝直立，粗壮。叶互生，厚纸质，广卵圆形，长宽近相等，10~20cm，通常3~5裂，小裂片卵形，边缘具不规则钝齿。雌雄异株，雄花和虫瘿花同生于一榕果内壁。榕果单生叶腋，大而梨形，直径3~5cm，顶部下陷，成熟时紫红色或黄色。花果期5~7月。

生态特性： 喜温暖湿润气候，耐瘠，抗旱，不耐寒，不耐涝。以向阳、土层深厚、疏松肥沃、排水良好的砂质壤土或黏质壤土栽培为宜。

观赏价值与应用： 树姿优雅，是良好庭院、公园观赏树木。

木兰科　Magnoliaceae

PLANT 001　白玉兰　*Magnolia denudata*　木兰属

形态特征： 落叶乔木。树皮灰白色。小枝灰褐色，具环状托叶痕。冬芽具大形鳞片。单叶互生，倒卵形。花单生枝顶，先叶开放，白色，芳香；花被片9，倒卵形。聚合蓇葖果圆柱形，褐色，成熟后开裂，种子红色。花期3月，果期9~10月。

生态特性： 喜光，较耐寒。不耐水湿，喜肥沃、排水良好而带微酸性的砂质土壤，在弱碱性的土壤上亦可生长。

观赏价值及应用： 我国著名早春花木。花大、洁白、芳香，开花时极为醒目，宛若琼岛，有"玉树"之称。宜对植、孤植、群植。广泛应用于住宅、庭院、草坪及园林绿地。栽植时应选择避风向阳、排水良好和肥沃的地方，栽植地积水易烂根。

栽植表现： 雄安新区少量栽植，表现一般。

木兰科 Magnoliaceae

PLANT 002

飞黄玉兰

Magnolia denudata 'Feihang'

木兰属

形态特征： 在白玉兰中选育出的芽变品种。花黄色和金黄色，花期较白玉兰略晚，性能稳定而且生长迅速。花期4月，果期9~10月。

生态特性： 喜光，较耐寒。不耐水湿，喜肥沃、排水良好而带微酸性的砂质土壤，在弱碱性的土壤上亦可生长。

观赏价值及应用： 适应性强，宜街道作行道树，宜对植、孤植、群植。喜光照性强，更喜欢基肥充足。栽植时应选择避风向阳、排水良好和肥沃的地方，栽植地积水易烂根。

木兰科　Magnoliaceae

PLANT 003 '黄鸟'布鲁克林木兰
Magnolia × brooklynensis

木兰属

形态特征： 落叶乔木。树形紧凑。小枝褐色。叶卵状椭圆形，叶面深绿色，叶背灰绿色。花被片外轮三角形萼片状，淡绿色，中内轮花被片宽倒卵状勺形，黄色，基部黄绿色；花径8~11cm。除在春季4月集中开花外，还可在夏季、秋季零散开花。

生态特性： 国外引进。喜光，较耐寒，可露地越冬。喜高燥，忌低湿，栽植地渍水易烂根。喜肥沃、排水良好而带微酸性的砂质土壤，在弱碱性的土壤上亦可生长。

观赏价值及应用： 树形优美、花朵金黄，优良的早春色香俱全的观花树种。宜孤植、对植、群植，也可作为行道树栽植观赏。栽植时应选择避风向阳、排水良好的肥沃土壤。

木兰科 Magnoliaceae

PLANT 004 二乔玉兰　　*Magnolia × soulangeana*　木兰属

形态特征： 二乔玉兰是玉兰和木兰的杂交种。落叶乔木。花大而美丽，有香气；花被片6~9枚，花被片外紫红色，内白色；花蕾卵圆形，花先叶开放，浅红色至深红色。聚合蓇葖果，卵圆形或倒卵圆形，具白色皮孔。花期3~4月，果期9~10月。

生态特性： 喜光，耐旱，耐寒。不耐积水和干旱。喜中性、微酸性或微碱性的疏松肥沃的土壤以及富含腐殖质的砂质壤土。

观赏价值与应用： 二乔玉兰是早春时节色香俱全的观花树种，花大色艳，观赏价值很高。广泛用于公园、绿地和庭园栽植。宜对植、孤植、群植。栽植时应选择避风向阳、排水良好和肥沃的地方。

木兰科　Magnoliaceae

PLANT 005　紫玉兰　*Magnolia liliflora*　木兰属

形态特征： 落叶灌木，常丛生。树皮灰褐色，小枝绿紫色或淡褐紫色。叶椭圆状倒卵形或倒卵形。花叶同时开放，稍有香气，花被片9~12枚；萼片3，披针形，紫绿色，花瓣6，椭圆状倒卵形，外面紫色或紫红色，内面带白色；花丝和心皮紫红色。聚合蓇葖果紫褐色，圆柱形，顶端具短喙。花期3~4月，果期9~10月。

生态特性： 喜温暖湿润和阳光充足环境，较耐寒，但不耐旱和盐碱，怕水淹，要求肥沃、排水好的砂壤土。

观赏价值及应用： 著名的早春观赏花木，早春开花时，满树紫红色花朵，姿态优美，别具风情。宜对植、孤植、群植。广泛用于公园、绿地和庭园。栽植时应选择避风向阳、排水良好和肥沃的地方。

栽植表现： 雄安新区少量栽植，表现一般。

木兰科　Magnoliaceae

PLANT 006　星花玉兰　*Magnolia stellata*　木兰属

形态特征： 落叶小乔木。枝繁密，灌木状；树皮灰褐色。叶倒卵状长圆形，有时倒披针形，顶端钝圆、急尖或短渐尖。花蕾卵圆形，密被淡黄色长毛；花先叶开放，直立，芳香；外轮萼状花被片披针形；内数轮瓣状花被片12~45，狭长圆状倒卵形，花色多变，白色至紫红色。花期3~4月。

生态特性： 性耐寒，耐碱性土壤。

观赏价值及应用： 盛花期时，满树鲜花尽开，花团锦簇，美丽壮观，为优良的观赏树种。宜孤植于庭园、园林绿地，也适合培育成丛生、双干等形态。

木兰科　Magnoliaceae

PLANT 007　望春玉兰　*Magnolia biondii*　木兰属

形态特征： 落叶乔木。树皮淡灰色；小枝细长，灰绿色；顶芽卵圆形或宽卵圆形，密被淡黄色长柔毛。花先叶开放，芳香；花梗顶端膨大具3苞片脱落痕；花被片9，外轮3片紫红色，近狭倒卵状条形，中内两轮近匙形，白色，外面基部常紫红色。聚合果圆柱形，扭曲；种子心形，外种皮鲜红色。花期3月，果期9月。

生态特性： 喜温暖湿润和阳光充足环境，较耐寒，但不耐旱和盐碱，怕水淹，要求肥沃、排水好的砂壤土。

观赏价值与应用： 树形优美，枝叶茂密；冬季花蕾满树，春季先叶开放，十分壮观，是庭院绿化的优良观花树种。可作广玉兰、紫玉兰和含笑的砧木。多在亭、台、楼、阁前栽植观赏，宜孤植、对植、丛植。北方也有作桩景盆栽的。

栽植表现： 雄安新区少量栽植，表现一般。

木兰科　Magnoliaceae

PLANT 008　广玉兰　*Magnolia grandiflora*　木兰属

形态特征： 常绿乔木。叶厚革质。花白色，荷花状，花被片9~13，倒卵形，花柄密生淡黄色绒毛。聚合果圆柱形，有锈色绒毛；蓇葖果卵圆形，紫褐色，顶端有外弯的喙；种子具红色假种皮。花期6月，果期8月。

生态特性： 阳性树；喜温暖湿润气候；对土壤要求不严，最适于肥沃湿润的酸性土和中性土。根系发达，生长速度中等偏慢。对烟尘和二氧化硫有较强的抗性。

观赏价值与应用： 树姿雄伟，叶片光亮浓绿，花朵大如荷花而且芳香浓郁，是优美的园林观赏树种。可作庭荫树和行道树。栽植时应选择避风向阳、排水良好和肥沃的地方。

栽植表现： 雄安新区少量引种，表现较差。

木兰科　Magnoliaceae

PLANT 009

杂种鹅掌楸
Liriodendron × sinoamericanum

鹅掌楸属

形态特征： 北美马褂木和中国马褂木的杂交种。落叶乔木，主干通直。叶形似马褂，各边具1裂或2裂。小枝紫褐色，树皮褐色，浅纵裂。花较大，黄色，具清香，单生枝顶，形似郁金香。聚合果纺锤形，翅状小坚果。花期5~6月，果期10月。

生态特性： 喜光，喜深厚肥沃、适湿而排水良好的酸性或微酸性土壤，忌低湿水涝。杂种优势明显，抗寒性强。

观赏价值及应用： 树形优美，枝繁叶茂，冠大浓郁，秋叶金黄，是优良的观赏树种。广泛应用于庭院、公园、道路及厂区绿化。可孤植于草坪，群植于开阔绿地或作行道树。

栽植表现： 雄安新区少量引种，表现较差。

木兰科　Magnoliaceae

PLANT 010　北五味子　*Schisandra chinensis*　北五味子属

别名： 五味子。

形态特征： 落叶木质藤本。幼枝红褐色，老枝灰褐色，片状剥落。叶宽椭圆形、卵形、倒卵形，先端急尖，基部楔形，上部边缘具浅锯齿。雄花花被片粉白色或粉红色，长圆形或椭圆状长圆形；雌蕊群近卵圆形，柱头鸡冠状。聚合浆果红色，近球形或倒卵圆形。花期5~7月，果期7~10月。

生态特性： 喜凉爽、湿润的气候，极耐寒，不耐干旱和低湿地；浅根性。

观赏价值及应用： 北五味子枝叶光亮，秋叶转红，果穗红色下垂，是优良藤本观赏树种。适宜于花篱、花架、山石点缀栽植，也可盆栽观赏。

蜡梅科　Calycanthaceae

PLANT 001　蜡梅　*Chimonanthus praecox*　蜡梅属

形态特征： 落叶灌木。叶卵状披针形或椭圆形，单叶对生，叶表面具刚毛。先花后叶，花黄白色，花瓣蜡质，花托壶形。瘦果长椭圆形，褐色。花期2~3月，果期8月。

生态特性： 喜光，稍耐阴；耐寒，喜深厚、排水良好的轻壤土。耐干旱，忌水涝。萌芽力强，耐修剪。

观赏价值与应用： 花开于隆冬，凌寒怒放，花香四溢，是著名的冬季观花灌木。最适于丛植于窗前、墙角、草坪等处，也可盆栽观赏。

小檗科　Berberidaceae

PLANT 001

紫叶小檗
Berberis thunbergii 'Atropurpurea'

小檗属

形态特征： 落叶灌木。幼枝紫红色，老枝灰褐色或紫褐色，具刺。叶全缘，深紫色或红色，菱形或倒卵形，在短枝上簇生。花单生或2~5朵成短总状花序，黄色，下垂，花瓣边缘有红色纹晕。浆果红色，宿存。花期4月，果期9~10月。

生态特性： 喜凉爽湿润环境，耐寒、耐旱，不耐水涝，喜阳也能耐阴，萌蘖性强，耐修剪，对各种土壤都能适应，在肥沃深厚、排水良好的土壤中生长更佳。

观赏价值及应用： 叶色鲜艳，春开黄花，秋缀红果，是叶、花、果俱美的观赏花木。适宜在园林中作花篱或在园路角隅丛植、大型花坛镶边或剪成球形对称状配植；或点缀在岩石间、池畔。

栽植表现： 雄安新区大量栽植，表现良好。

小檗科　Berberidaceae

PLANT 002　掌刺小檗　*Berberis koreana*　小檗属

形态特征： 直立灌木。枝绿色，老枝暗红色，有槽，无疣点。叶片长圆状椭圆形至长圆状倒卵圆形，先端圆，基部收缩，边缘有刺锯齿，两面密网状，下面灰绿色，有粉。总状花序，小苞片卵圆形；花瓣全缘，子房含胚珠。浆果球形，红色，有光泽。花期4~5月，果期9月。

生态特性： 喜凉爽湿润环境，耐寒、耐旱，不耐水涝，耐修剪，对各种土壤都能适应，在肥沃深厚、排水良好的土壤中生长更佳。

观赏价值及应用： 花淡黄花，总状花序挂满枝条。秋季叶色鲜红，冬季红果满枝，是优良的观花、观叶、观果树种。适宜在园林中作花篱或在园路角隅丛植、大型花坛镶边或剪成球形对称状配植；也可点缀在岩石间、池畔。

小檗科　Berberidaceae

PLANT 003　黄芦木　*Berberis amurensis*　小檗属

形态特征： 落叶灌木。老枝淡黄色或灰色，稍具棱槽，无疣点；茎刺三分叉，稀单一。叶纸质，倒卵状椭圆形、椭圆形或卵形，叶缘平展，具细刺齿。总状花序具10~25朵花；花黄色；花瓣椭圆形。浆果长圆形，红色。花期4~5月，果期8~9月。

生态特性： 喜凉爽湿润环境，耐寒、耐旱，不耐水涝，耐修剪。

观赏价值及应用： 花黄色，果红色，是优良的观花、观果树种。适宜在园林中作花篱或在园路角隅丛植或剪成球形对称状配植。

芍药科　Paeoniaceae

PLANT 001　牡丹　*Paeonia suffruticosa*　芍药属

形态特征： 落叶小灌木。生长缓慢，株型小，株高多在0.5~2m。二回羽状复叶，顶生小叶先端3~5裂。花单生枝顶，花有红、紫、黄、白等多色。多年生根肉质，粗而长，中心木质化。花期4~5月，果期9月。

生态特性： 喜温凉、干燥、耐半阴，不耐炎热、高湿，较耐寒。不耐积水，喜疏松、肥沃、排水良好的中性土壤或砂土壤，忌黏重土壤或低洼积水处，栽植时应选择地势较高地段。

观赏价值及应用： 我国特有的木本名贵花卉。花大色艳，雍容华贵，富丽端庄，芳香浓郁，品种繁多，素有"国色天香""花中之王"的美称。可在公园和风景区建立专类园栽植观赏。在古典园林和居民院落中筑花台养植；在园林绿地中可自然式孤植、丛植或片植观赏。

栽植表现： 雄安新区少量栽植，表现良好。

猕猴桃科　Actinidiaceae

PLANT 001　软枣猕猴桃　*Actinidia arguta*　猕猴桃属

别名： 软枣子。

形态特征： 攀缘大藤本。树皮条裂，淡灰褐色。枝螺旋状缠绕，髓褐色片状。单叶互生，叶卵圆形或卵形至长圆状卵形。聚伞花序腋生，由3~6朵组成；花白色，花瓣倒卵圆形。浆果长圆形，稍扁，暗绿色至黄绿色。花期6~7月，果期9~10月。

生态特性： 喜凉爽、湿润的气候，枝蔓多集中分布于树冠上部。

观赏价值及应用： 叶、花和果实都有很高观赏价值。适于作为藤架栽植应用。目前作为珍贵水果栽培种植。

悬铃木科　Platanaceae

PLANT 001　二球悬铃木　*Platanus acerifolia* 悬铃木属

别名：英桐。

形态特征：落叶大乔木。树皮光滑，大片块状脱落；嫩枝密生灰黄色绒毛。叶阔卵形，上下两面嫩时有灰黄色毛被；基部截形或微心形；叶柄密生黄褐色毛被；托叶中等大，基部鞘状，上部开裂。雄花萼片卵形，被毛；花瓣矩圆形，长为萼片的2倍。花期5月，果期10月。

生态特性：喜光，不耐阴，抗旱性强，较耐湿，喜温暖湿润气候。对土壤要求不严。抗污染能力强，耐修剪。

观赏价值与应用：树冠开展，叶大荫浓，适应性强，耐修剪整形，是优良的庭荫树和行道树。宜孤植于草坪或旷地，也可列植于甬道两旁。因其幼枝、嫩叶上有大量星状毛，吸入呼吸道易引发呼吸道不适或过敏，故不宜植于幼儿园和中小学校中。

栽植表现：雄安新区大量栽植，表现良好。

悬铃木科　Platanaceae

PLANT 002

一球悬铃木

Platanus occidentalis

悬铃木属

别名：美桐。

形态特征：落叶大乔木。树皮有浅沟，呈小块状剥落；嫩枝被黄褐色绒毛。叶大；阔卵形，通常3浅裂，稀为5浅裂；基部截形，阔心形，或稍呈楔形；裂片短三角形，宽度远较长度为大。头状果序圆球形，单生稀为2个。花期5月，果期9~10月。

生态特性：适应性和抗逆性强。生长迅速，易于繁殖，树形好，遮阴面积大，且耐修剪，抗烟尘，能吸收有害气体，隔音防噪。

观赏价值与应用：一球悬铃木干形通直，冠大荫浓，是典型的阔叶速生树种。宜作行道树和庭荫树。

栽植表现：雄安新区少量栽植，表现良好。

虎耳草科　Saxifragaceae

PLANT 001

东陵八仙花
Hydrangea bretschneideri

八仙花属

形态特征： 落叶灌木。树皮通常片状剥落，老枝红褐色。叶对生，卵形或椭圆状卵形，先端渐尖，边缘有锯齿。伞房状聚伞花序顶生，花白色，后变淡紫色，中间有浅黄色可孕花。蒴果，近圆形。花期6~8月。

生态特性： 喜光，稍耐阴，耐寒，忌干燥，喜半阴及湿润排水良好环境。

观赏价值及应用： 花形奇特，花大而美丽，具有极高的观赏价值。花期长，是优良园林绿种。可孤植、群植于林下、林缘、水边、溪旁观赏。

虎耳草科　Saxifragaceae

PLANT 003 大花溲疏　*Deutzia grandiflora*　溲疏属

形态特征： 落叶灌木。树皮灰褐色。小枝淡灰褐色。单叶对生，叶卵形，叶面粗糙，背面密生白色星状毛。聚伞花序，具1~3朵花，萼裂片5，披针形，花瓣5，长圆形或长圆状倒卵形，白色，较大。蒴果半球形，花柱宿存。花期4~5月，果期6~7月。

生态特性： 喜光，耐干旱贫瘠，稍耐阴，耐寒，对土壤要求不严。忌低洼积水。

观赏价值及应用： 初夏白花繁密，素雅，为庭园观赏和水土保持的良好树种。宜丛植于草坪、路边、林缘，也可作花篱及岩石园种植材料。

虎耳草科　Saxifragaceae

PLANT 004　小花溲疏　*Deutzia parviflora*　溲疏属

形态特征： 落叶灌木。小枝褐色，疏生星状毛。叶对生，卵形，边缘具细密的锯齿。叶上面绿色，散生星状毛，无中央射线，叶背淡绿色，除被星状毛外，中脉上具白色长柔毛。伞房花序，具多花；花梗和花萼密生星状毛；萼裂片5，广卵形，花瓣5，白色，倒卵形。蒴果扁球形。花期5~6月，果期7~8月。

生态特性： 喜光，稍耐阴，耐寒性强。对土壤要求不严。忌低洼积水。

观赏价值及应用： 花小而繁密，花期正值初夏少花季节。是优良的庭园观花植物，宜丛植于草坪、路边、林缘，也可作花篱。

虎耳草科　Saxifragaceae

PLANT 005　溲疏　*Deutzia scabra*　　溲疏属

形态特征： 落叶灌木。树皮呈薄片状剥落，小枝中空，红褐色，幼时有星状毛，老枝光滑。叶对生，叶片卵形至卵状披针形，顶端尖，基部稍圆，边缘有小锯齿，两面均有星状毛，粗糙。直立圆锥花序，花白色或带粉红色斑点，萼筒钟状直立，花柱离生，柱头常下延。蒴果近球形。花期5月，果期10~11月。

生态特性： 喜光、稍耐阴。喜温暖、湿润气候，但耐寒、耐旱。对土壤要求不严。萌芽力强，耐修剪。

观赏价值及应用： 直立圆锥花序，花繁密集，初夏优良的观花灌木。宜丛植于草坪、路边、林缘，也可作花篱。

虎耳草科　Saxifragaceae

PLANT 006

白花重瓣溲疏

Deutzia scabra var. *candidissima*

溲疏属

形态特征： 落叶灌木。树皮呈薄片状剥落，小枝中空。叶对生，长椭圆形，边缘有锯齿，浓绿色，两面有星状短柔毛。圆锥花序顶生，小花为白色或水红色，花瓣长椭圆形。果为蒴果，近于球形。

生态特性： 性喜光，喜温暖气候而又耐寒，适应性强，对土质要求不严，耐修剪，萌生性强。

观赏价值及应用： 花开初夏，百花繁密，色洁白，其重瓣更加美丽，为优良的花灌木。宜丛植于草坪、路旁、庭园一隅，也是花篱和岩石园的好材料。

虎耳草科　Saxifragaceae

PLANT 007　太平花　*Philadelphus pekinensis*　山梅花属

别名： 京山梅花。

形态特征： 落叶灌木。树皮片状剥落，小枝紫褐色。单叶对生，两面无毛，基部3出脉；2年生枝皮剥落。总状花序具花5~9朵；萼片4，卵状三角形，花瓣4，乳白色，微香。蒴果倒圆锥形。花期5~6月，果期8~9月。

生态特性： 喜光，耐寒，对土壤要求不严，喜肥沃、排水良好的土壤，耐旱，不耐积水。耐修剪，寿命长。

观赏价值及应用： 枝叶茂密，花乳白、淡香，花期较长，是北方初夏优良的观花灌木。可丛植于园林绿地；也可作自然式花篱或大型花坛的中心栽植材料，或点缀山石。

虎耳草科　Saxifragaceae

PLANT 008　香茶藨子　*Ribes odoratum*　茶藨子属

形态特征： 落叶灌木，高1~2m。小枝圆柱形，灰褐色。叶圆状肾形至倒卵圆形，长2~5cm，宽与长近相等，掌状3~5深裂，裂片形状不规则，先端稍钝。花两性，芳香；总状花序具花5~10朵；花萼黄色；花瓣匙形或宽倒卵形，先端圆钝而浅缺刻状，浅红色。果实球形或宽椭圆形，熟时黑色，无毛。花期4月，果期6~8月。

生态特性： 原产北美洲。喜光照，也耐阴，喜温暖湿润的气候，耐寒力强，适于深厚肥沃土壤，有一定的抗干旱能力。萌芽力强，耐修剪。

观赏价值及应用： 花黄色，芳香，花果均具有观赏价值。公园、绿地及植物园中均可栽植。用种子和插条繁殖均能成活。

蔷薇科　Rosaceae

PLANT 001　三裂绣线菊　*Spiraea trilobata*　绣线菊属

形态特征：落叶灌木，高达1~2m。小枝开展，呈"之"字形弯曲，幼时褐黄色，无毛，老时暗灰色。单叶互生，叶片近圆形，先端3裂，基部圆形或楔形，边缘自中部以上具少数圆钝锯齿。伞形花序，萼片5，三角形，花瓣5，宽倒卵形，白色。蓇葖果，萼片直立，宿存。花期4~5月。果期7~8月。

生态特性：喜光也稍耐阴，抗寒，抗旱，喜温暖湿润的气候和深厚肥沃的土壤。萌蘖力和萌芽力均强，耐修剪。

观赏价值及应用：树姿优美，枝叶繁密，花朵小巧密集，花期长，为优良观花树种。宜丛植、片植于庭院、公园、街道、假山、小路两旁、草坪边缘。

蔷薇科　Rosaceae

PLANT 002　**金山绣线菊**
Spiraea japonica 'Gold Mound'

绣线菊属

形态特征： 日本绣线菊的栽培品种。落叶小灌木。高25~35cm；株型丰满，呈半圆形。单叶互生，菱状披针形，叶缘具深锯齿，叶面稍感粗糙；新叶金黄，夏叶浅绿色，秋叶金黄色。复伞房花序生于新枝顶端，花粉红色。花期5~7月，果期8~9月。

生态特性： 喜光照及温暖湿润的气候，在肥沃的土壤中生长旺盛，耐寒性较强。

观赏价值及应用： 株型整齐，可成片栽植，宜与紫叶小檗、桧柏等配置组成模纹图案。适合作观花及色叶地被，可种植在花坛、花境、草坪、池畔等地，可以丛植、孤植、群植作色块或列植作绿篱。

蔷薇科 Rosaceae

金焰绣线菊
Spiraea × *bumalda* 'Goldflame'

绣线菊属

形态特征： 落叶灌木。株高60~110cm，老枝黑褐色，新枝黄褐色；枝叶较松散，呈球状，枝条呈折线状，柔软。单叶互生，具锯齿、缺刻或分裂，稀全缘，羽状脉；春季叶色黄红相间，夏季叶色绿，秋季叶紫红色。花序较大，10~35朵聚成复伞形花序，直径10~20cm，花玫瑰红色。花期5~7月，果期8~9月。

生态特性： 喜光耐寒，抗旱耐贫瘠，较耐庇荫，适应性强。喜潮湿气候，在温暖向阳而又潮湿的地方生长良好。

观赏价值及应用： 叶色季相变化丰富，花期长，花量多，是花叶俱佳、观赏价值高的优良花灌木。可用于图纹、花带、彩篱等园林造型，也可布置花坛、花境、点缀园林小品，亦可丛植、列植作绿篱。

蔷薇科　Rosaceae

PLANT 004　柔毛绣线菊　*Spiraea pubescens*　绣线菊属

别名：土庄绣线菊。

形态特征：灌木。高1~2m；小枝稍弯曲，嫩时褐黄色，老时灰褐色。叶片菱状卵形至椭圆形，上面有稀疏柔毛，下面被灰色短柔毛。伞形花序具总梗，有花15~20朵。蓇葖果开张，仅在腹缝微被短柔毛，花柱顶生，稍倾斜开展或几直立。花期5月，果期7~8月。

生态特性：喜光、耐寒、喜水肥，对土壤要求不高，生长快，分枝力强。

观赏价值及应用：花色洁白，花朵繁茂，盛开时枝条全部为花朵所覆盖，形成一条条拱形花带。可作庭院及风景绿化材料；宜丛植于山坡、水岸、湖旁、石边、草坪角隅或建筑物前后，也可作绿篱。

蔷薇科　Rosaceae

PLANT 005　华北绣线菊　*Spiraea fritschiana* 绣线菊属

形态特征： 灌木。高可达2m；枝条粗壮，小枝具明显棱角。叶片卵形、椭圆卵形或椭圆状长圆形，边缘有不整齐重锯齿或单锯齿，上面深绿色，下面浅绿色。复伞房花序顶生于当年生直立新枝上，多花，无毛；花瓣卵形，先端圆钝，白色。蓇葖果直立，开张。花期5月，果期7~8月。

生态特性： 耐寒、耐旱、耐瘠薄；对土壤要求不高，生长快，分枝力强。

观赏价值及应用： 花色洁白，花朵繁茂，盛开时枝条全部为花朵所覆盖，形成一条条拱形花带。宜丛植于水岸、湖旁、草坪角隅或建筑物前后；也可作绿篱。

蔷薇科　Rosaceae

PLANT 006　毛花绣线菊　*Spiraea dasyantha*　绣线菊属

形态特征： 灌木。高可达3m；小枝呈"之"字形弯曲，灰褐色。叶片菱状卵形，先端急尖或圆钝，基部楔形，上面深绿色，下面密被白色绒毛，羽状脉显著。伞形花序，有花10~20朵；花梗密集，花瓣宽倒卵形至近圆形，白色。蓇葖果开张。花期5~6月，果期7~8月。

生态特性： 耐寒、耐旱、耐瘠薄；对土壤要求不高，生长快，分枝力强。

观赏价值及应用： 花色洁白，花朵繁茂，盛开时枝条全部为花朵所覆盖，形成一条条拱形花带。宜丛植于水岸、湖旁、草坪角隅或建筑物前后；花期长，可以用作花境，也可作绿篱。

蔷薇科　Rosaceae

PLANT 007　麻叶绣线菊

Spiraea cantoniensis

绣线菊属

形态特征：灌木。高可达1.5m；小枝细瘦，冬芽小，卵形。叶片菱状披针形至菱状长圆形，上面深绿色，下面灰蓝色，两面无毛，叶柄无毛。伞形花序具多数花朵；苞片线形，萼筒钟状，萼片三角形或卵状三角形，花瓣近圆形或倒卵形，白色；花盘由大小不等的近圆形裂片组成，子房近无毛。蓇葖果直立开张，花柱顶生。5月开花，7~9月结果。

生态特性：性喜温暖和阳光充足的环境。稍耐寒、耐阴，较耐干旱，忌湿涝。分蘖力强。

观赏价值及应用：花序密集，花色洁白，早春盛开如积雪，甚美丽。可用于公园及庭园栽培观赏。

蔷薇科　Rosaceae

PLANT 008　珍珠绣线菊　*Spiraea thunbergii* 绣线菊属

别名： 喷雪花。

形态特征： 灌木。高达1.5m；枝条细长开张，呈弧形弯曲。叶片线状披针形，先端长渐尖。伞形花序无总梗，具花3~7朵；萼片三角形或卵状三角形；花瓣倒卵形或近圆形，先端微凹至圆钝，白色。花期4~5月，果期7月。

生态特性： 性喜阳光并具有很强的耐阴性，耐寒、耐湿又耐旱。对土壤要求不严，在一般土壤中即能正常生长，而在湿润肥沃的土壤中长势更强。生长较快，萌蘖力强，耐修剪。

观赏价值及应用： 株丛丰满，枝叶清秀，花清雅，花期长。可植于庭院屋前、路边、池畔，或丛植于草坪、建筑物周围。

蔷薇科　Rosaceae

PLANT 009　风箱果　*Physocarpus amurensis*　风箱果属

形态特征： 落叶灌木。枝条开展。单叶互生，三角状卵形，顶端3裂，具重锯齿。伞形总状花序，密被星状柔毛；花瓣倒卵形、白色；花药紫色。蓇葖果膨大，卵形，熟时沿背腹两缝开裂，外面微被星状柔毛，内含光亮黄色种子2~5枚。花期6月，果期7~8月。
生态特性： 喜光，也耐半阴。耐寒性强，不耐水渍。喜酸性土壤，在排水良好的土壤中生长。
观赏价值及应用： 树形开展，团状白色花序，果实膨大，为观花、观果树种。可孤植、丛植和带植，也可作绿篱、镶嵌材料和带状花坛背衬，或作花境或镶边。也可植于亭台周围、丛林边缘及假山旁边。

蔷薇科　Rosaceae

PLANT 010

紫叶风箱果

Physocarpus opulifolius 'Summer Wine'

风箱果属

形态特征： 落叶灌木。高2~3m。叶三角状卵形，具浅裂，先端尖，基部广楔形，缘有复锯齿；整个生长季枝叶一直是紫红色，春季和初夏颜色略浅，夏秋季变为深紫红色。顶生伞形总状花序，花多而密，每个花序具20~60朵小花，小花直径0.5~1cm，花白色，萼片三角形。蓇葖果膨大，夏末时呈红色。花期5~6月，果实9~10月成熟、开裂、宿存。

生态特性： 喜光、耐寒，生长势强。不择土壤，耐修剪，耐粗放管理。

观赏价值及应用： 枝叶密生，角度开张，叶片在5月上旬至秋后落叶前为紫红色，落叶晚。是北方地区优良彩叶树种。适宜在公园、景区、绿地绿化中用作彩篱或建植模纹、模块。

蔷薇科　Rosaceae

金叶风箱果
Physocarpus opulifolius var. *luteus*

PLANT 011

风箱果属

形态特征： 株高1~2m。枝条黄绿色，老枝褐色，多分枝。叶为互生，三角形，具浅裂，缘有复锯齿，叶片生长期金黄色，落叶前黄绿色。花白色，为顶生伞形总状花序。蓇葖果膨大呈卵形，夏末时呈红色。花期5月中下旬，果期7~8月。

生态特性： 性喜光，耐寒，耐瘠薄，耐粗放管理。

观赏价值及应用： 可孤植、丛植和带植，适合庭院观赏，也可作绿篱、镶嵌材料和带状花坛背衬。

蔷薇科　Rosaceae

PLANT 012　华北珍珠梅　*Sorbaria kirilowii*　珍珠梅属

形态特征： 落叶丛生灌木。枝条多直立生长，上部枝梢向外开张。冬芽卵状，红色。奇数羽状复叶互生，小叶13~23，小叶长椭圆状披针形，叶缘具重锯齿。顶生圆锥花序。花期6~8月。

生态特性： 喜温暖湿润气候，喜光、稍耐阴，抗寒能力强，对土壤的要求不严。萌蘖性强、生长快速，耐修剪。

观赏价值及应用： 树姿秀丽，花序大而茂盛，小花洁白如雪而芳香，花期长达3个月，花蕾圆润如粒粒珍珠，花开似梅，是优良的夏季观花灌木。可丛植或列植于阴凉处。宜丛植草坪角隅、林缘、路边、建筑物旁或作基础种植。

蔷薇科 Rosaceae

PLANT 013 平枝栒子 *Cotoneaster horizontalis* 栒子属

形态特征： 匍匐状灌木。枝水平开展。单叶互生，叶近圆形或宽椭圆形，排成2列，全缘。花1~2朵顶生或腋生，近无梗，花瓣粉红色，倒卵形，先端圆钝。梨果近球形，鲜红色，常具3小核，稀2小核。花期4~5月，果期9~10月。

生态特性： 喜温暖湿润的半阴环境，耐干燥和瘠薄土壤，不耐湿热，耐寒，怕积水。

观赏价值及应用： 枝叶横展，叶小而稠密，晚秋时叶色变红，果实红艳，宜丛植于岩石园、庭院、绿地和墙角隅等处，也可作地被和盆景。

蔷薇科　Rosaceae

PLANT 014　水栒子　*Cotoneaster multiflorus*　栒子属

形态特征：落叶灌木。枝条细瘦，小枝圆柱形，无毛。叶片卵形或宽卵形，上面无毛，下面幼时稍有绒毛，托叶线形，疏生柔毛。花多数，呈疏松的聚伞花序，萼筒钟状，萼片三角形，花瓣平展，近圆形，白色；雄蕊稍短于花瓣。果实近球形或倒卵形，红色。花期4~5月，果期6~9月。

生态特性：喜光，耐寒，稍耐阴，耐干旱、贫瘠。对土壤要求不严，喜排水良好的土壤，湿、涝洼地常造成根系腐烂死亡。

观赏价值及应用：初夏开花，白色淡雅，秋果红色累累，经久不凋，为优良的观花、观果灌木，也是良好的岩石园种植材料。宜丛植于草坪边缘或园路转角处。

蔷薇科 Rosaceae

PLANT 015 山楂 *Crataegus pinnatifida* 山楂属

形态特征： 落叶乔木或灌木。常具枝刺。单叶互生，叶缘深羽状裂5~9。复伞房花序，花瓣5，白色；子房下位或半下位。梨果近球形，深红色，有白色皮孔。花期4~5月，果期6~10月。

生态特性： 喜光，稍耐阴；耐寒，耐干旱贫瘠。对土壤要求不严，但以在排水良好、湿润的微酸性砂质壤土上生长最好。

观赏价值及应用： 树冠整齐，花繁叶茂，果实鲜红可爱，是优良的观花、观果树种。可孤植、丛植于园林绿地、公园或庭院观赏，也可作绿篱栽培应用。

蔷薇科　Rosaceae

PLANT 016　山里红
Crataegus pinnatifida var. *major*

山楂属

别名： 大果山楂。

形态特征： 落叶小乔木。高6~8m。枝具刺。单叶互生，阔卵形或三角卵形，两侧各有3~5羽状裂片，有锯齿，叶脉上有短柔毛。伞状花序有小花10~12朵，白色。梨果近球形，直径约2cm，深红色，并有淡褐色斑点，先端有宿存萼片。花期4~5月，果期6~10月。

生态特性： 耐寒、耐旱；抗风沙，适应性强，对土壤要求不严，以沙土为好，黏重土则生长较差。

观赏价值及应用： 树冠整齐，枝叶茂密，春花洁白，秋果红艳，是优良的观花、观果园林树种。可孤植、丛植于园林绿地、公园或庭院观赏，也可作绿篱栽培应用。

蔷薇科 Rosaceae

PLANT 017 辽宁山楂 *Crataegus sanguinea* 山楂属

形态特征： 落叶灌木，稀小乔木。高达可达4m；刺短粗，锥形，冬芽三角卵形。叶片宽卵形或菱状卵形，裂片宽卵形，上面毛较密，下面柔毛多生在叶脉上；叶柄粗短，托叶草质，镰刀形或不规则心形，边缘有粗锯齿。伞房花序，多花，密集，萼片三角状卵形，花瓣长圆形，白色；花药淡红色或紫色。果实近球形，萼片宿存。花期4~5月，果期6~10月。

生态特性： 喜光、耐旱、耐瘠薄，在肥沃、湿润而排水良好处生长良好。

观赏价值及应用： 春末初夏开花，满树洁白，秋季果实累累，可作庭院观赏树。

蔷薇科　Rosaceae

PLANT 018　甘肃山楂　*Crataegus kansuensis*　山楂属

形态特征： 落叶小乔木。高可达6m；枝刺细，小枝粗壮。叶片宽卵形，先端急尖或短渐尖，基部楔形或宽楔形，裂片卵形至卵状披针形，上下两面无毛。伞房花序，多花，萼筒钟状，萼片三角状卵形，花瓣宽倒卵形，白色。果实球形，红色。花期4~5月，果期6~9月。

生态特性： 对环境条件的适应性较强，有较强的抗旱性和耐寒性。喜砂壤土，耐瘠薄，喜光照，稍耐阴。

观赏价值及应用： 春末初夏开花洁白，秋季果实鲜红，可作庭院和公共绿地观赏树。

蔷薇科　Rosaceae

'保罗红'钝裂叶山楂
Crataegus laevigata 'Paul's Scarlet'

PLANT 019　　　　　　　　　　　　　　　　　　　　　山楂属

形态特征： 落叶乔木，高达10~15m，树冠开张；伞状花序有花10~12朵，红色。果实球形，红色，萼片宿存。花期4~5月，果期6~10月。

生态特性： 原产于欧洲。喜光，稍耐阴；耐寒，耐干旱贫瘠。对土壤要求不严，但以在排水良好、湿润的微酸性砂质壤土上生长最好。

观赏价值及应用： 树冠整齐，花繁叶茂，花和果鲜红可爱，是优良的观花、观果树种。可孤植、丛植于园林绿地、公园或庭院，也可作绿篱栽培应用。

蔷薇科　Rosaceae

PLANT 020　黄果山楂　*Crataegus chlorocarpa*　山楂属

别名： 阿尔泰山楂。

形态特征： 乔木。高3~7m，植株上部无刺，下部萌条多刺。小枝粗壮，棕红色，有光泽；冬芽近球形，红褐色。叶片阔卵形或三角状卵形，基部楔形或宽楔形，常2~4裂，基部2对深裂，裂片平展，边缘有疏锯齿。复伞房花序，花多密集；花径1~1.5cm；萼筒钟状；花瓣近圆形，白色。果实球形，直径约1cm，金黄色，无汁，粉质。花期4~5月，果期6~10月。

生态特性： 耐寒、耐旱；抗风沙，适应性强，对土壤要求不严，以砂性为好，黏重土则生长较差。

观赏价值及应用： 树冠整齐，枝叶茂密，春花洁白，秋果金黄，是优良的观花、观果园林树种。可孤植、丛植于园林绿地、公园或庭院观赏。

蔷薇科 Rosaceae

PLANT 021 贴梗海棠 *Chaenomeles speciosa* 木瓜属

形态特征： 落叶灌木。高可达2m；小枝圆柱形，具枝刺。叶片卵形至椭圆形，稀长椭圆形，边缘具尖锐细锯齿；托叶肾形。花猩红色，稀淡红色或白色，3~5朵簇生于2年生老枝上，先叶开放或花叶同放。梨果球形至卵形，黄色或黄绿色，果梗短或近于无；干后果皮皱缩。花期3~4月，果期9~10月。

生态特性： 喜光，耐寒，耐贫瘠，忌水涝，喜排水良好的肥沃壤土，不宜在低洼地栽植。

观赏价值及应用： 花朵繁茂，色彩艳丽，秋季果实芳香秀丽，是优良的观花、观果灌木。宜对植于游园入口、门旁或丛植园林绿地、草坪、花坛；也可作绿篱和盆栽观赏。

蔷薇科　Rosaceae

PLANT 022　木瓜海棠　*Chaenomeles cathayensis*　木瓜属

别名： 毛叶木瓜。

形态特征： 落叶灌木。高2~6m，枝条直立，小枝圆柱形，紫褐色。叶片椭圆形、披针形至倒卵披针形。花先叶开放，2~3朵簇生于2年生枝上，萼筒钟状，花瓣倒卵形或近圆形，淡红色或白色。果实卵球形或近圆柱形。花期3~4月，果期9~10月。

生态特性： 习性强健，喜温暖湿润和阳光充足的环境，耐寒冷，冬季能耐-20℃的低温，具有很好抗旱能力，但怕水涝。

观赏价值及应用： 木瓜海棠树形好、病虫害少，花色烂漫。春可赏花，秋可观果，枝形奇特，是庭园绿化的良好树种。可丛植于庭园墙隅、林缘等处。

蔷薇科 Rosaceae

PLANT 023 日本木瓜 *Chaenomeles japonica* 木瓜属

形态特征： 矮灌木。高约1m。枝条广开，有细刺；小枝粗糙，圆柱形，幼时具绒毛，紫红色，2年生枝条有疣状突起，黑褐色，无毛。叶片倒卵形、匙形至宽卵形。花3~5朵簇生，花瓣倒卵形或近圆形，砖红色；花梗短或近于无梗，无毛；萼筒钟状，外面无毛。果实近球形，直径3~4mm，黄色，萼片脱落。花期3~5月，果期8~10月。

生态特性： 原产日本。适应性强，能耐低温–32℃，高温42℃。喜光，较耐寒，喜排水良好的土壤。

观赏价值及应用： 可植于庭院、路边、坡地，也常作盆栽置于阳台、室内以供观赏。

蔷薇科　Rosaceae

PLANT 024　木瓜　*Chaenomeles sinensis*　木瓜属

形态特征： 落叶小乔木。树皮呈片状脱落；小枝圆柱形，具枝刺。叶椭圆状卵形或长圆形，有刺芒状尖锐锯齿；托叶膜质，卵状披针形，先端渐尖，边缘具腺齿。花单生于叶腋，花瓣5，淡粉红色。果实长椭圆形，长10~15cm，暗黄色，木质，芳香，果梗短。花期4月，果期9~10月。

生态特性： 喜光，不耐阴，喜温暖环境。对土质要求不严，但在土层深厚、疏松肥沃、排水良好的砂质土壤中生长较好，低洼积水处不宜种植。

观赏价值及应用： 树姿优美，树干斑驳，果实色泽金黄，是优良的观干、观果树种。在园林中可作庭园树丛植于草坪一角，对植于门庭入口，孤植于庭院中心，列植于建筑物前。也可作为盆景栽培。

蔷薇科　Rosaceae

PLANT 025　苹果　*Malus pumila*　　　　苹果属

形态特征：乔木。树冠圆形；小枝短而粗。叶片椭圆形、卵形至宽椭圆形，边缘具有圆钝锯齿；叶柄粗壮，被短柔毛。伞房花序，集生于小枝顶端；花瓣倒卵形，白色，含苞未放时带粉红色。果实扁球形，果梗短粗。花期4月，果期7~10月。

生态特性：喜光、耐寒，不耐湿热。不耐瘠薄。对土壤要求不严，在富含有机质、土层深厚而排水良好的砂壤中生长最好，对有害气体有一定的抗性。

观赏价值及应用：花繁叶茂，果实鲜艳，是优良的观花、观果树种。可孤植于庭院、园林绿地观赏，也可盆栽观果。

蔷薇科　Rosaceae

026 新疆野苹果　*Malus sieversii*　苹果属

形态特征： 乔木。高达可达14m；树冠宽阔，常有多数主干；小枝圆柱形，冬芽卵形，先端钝，外被长柔毛，鳞片边缘较密，暗红色。叶片卵形、宽椭圆形、稀倒卵形，先端急尖，基部楔形，上面沿叶脉有疏生柔毛，下面叶脉显著；叶柄具疏生柔毛；托叶膜质，披针形。花序近伞形，花梗较粗，萼筒钟状，萼片宽披针形或三角披针形，两面均被绒毛，花瓣倒卵形，粉色，花丝长短不等，基部密被白色绒毛。果实大，球形或扁球形，黄绿色有红晕。花期4月，果期8~10月。

生态特性： 喜光，耐寒，不耐湿热多雨天气，喜肥沃、深厚、排水良好的砂质壤土，不耐瘠薄。

观赏价值及应用： 观花、观果。可在公园、街头绿地孤植、丛植、群植和片植。

115

蔷薇科　Rosaceae

PLANT 027　山荆子　*Malus baccata*　苹果属

形态特征： 落叶乔木。树冠广圆形。叶片椭圆形或卵形，边缘有细锐锯齿；托叶膜质，披针形。伞形花序，无总梗；花梗细长；花瓣倒卵形，白色。果实近球形，萼片脱落；果梗长3~4cm。花期4月，果期9~10月。

生态特性： 喜光，耐寒性极强，耐干旱瘠薄，不耐盐碱，不耐涝。深根性，寿命长。

观赏价值及应用： 树冠圆形，春花秋果，绿叶婆娑，是园林观花、观果树种。可栽于庭院观赏，也可在草坪边缘、水边湖畔、公园小径旁列植或丛植。

蔷薇科　Rosaceae

PLANT 028　海棠花　*Malus spectabilis*　苹果属

形态特征： 落叶乔木。高可达8m；小枝粗壮。叶片椭圆形至长椭圆形，长5~8cm，宽2~3cm，先端短渐尖或圆钝，基部宽楔形或近圆形，边缘有紧贴细锯齿。花序近伞形，有花5~8朵；花瓣卵形，白色，在花蕾中呈粉红色。果实近球形。花期4月，果期8~9月。

生态特性： 性喜阳光，不耐阴，忌水湿。海棠花极为耐寒，对严寒及干旱气候有较强的适应性。

观赏价值及应用： 花期花开似锦，是中国北方著名的观赏树种。常与玉兰、牡丹相配植，取"玉棠富贵"的意境。可栽植于路旁、亭台周围、丛林边缘、水滨池畔等。

蔷薇科　Rosaceae

PLANT 029　西府海棠　*Malus micromalus*　苹果属

形态特征： 落叶乔木。小枝细弱，圆柱形，直立性强。为山荆子与海棠花之杂交种。叶片长椭圆形或椭圆形，先端急尖或渐尖，基部楔形，稀近圆形。伞形总状花序，有花4~7朵，集生于小枝顶端；其花未开时，花蕾红艳，开后则渐变粉红。梨果球形，红色。花期4月，果期8~9月。

生态特性： 喜光，耐寒、耐旱，适应性强。对土壤要求不严，忌渍水，在排水良好地带生长较好。

观赏价值及应用： 树姿优美，花开似锦，花蕾红艳，似胭脂点点，开后则渐变粉红，是优良的观花和赏形树种。可孤植、丛植于草地和假山旁，或列植于园路边，也常于庭院门旁或厅廊两侧种植。

蔷薇科　Rosaceae

PLANT 030　垂丝海棠　*Malus halliana*　苹果属

形态特征： 落叶乔木。树冠开展，树皮灰褐色。幼枝紫褐色，有疏生短柔毛。叶互生，卵形或椭圆形，先端渐尖，边缘锯齿细小而钝。伞房花序，具花4~6朵，花梗细弱下垂，花未开时红色，开后渐变为粉红色。果实梨形或倒卵形，略带紫色。花期4月，果期9~10月。

生态特性： 喜光，耐寒，耐旱，适应性强。对土壤要求不严，微酸或微碱性土壤均可生长，但以土层深厚、疏松、肥沃、排水良好略带黏质的生长更好。

观赏价值及应用： 树冠疏散，花梗细长，花蕾嫣红，开放时则下垂，花粉红色，是著名的庭园观赏花木。可孤植、丛植、配植于门旁、庭院、厅廊四周及草地、林缘，也可制成桩景观赏。

蔷薇科 Rosaceae

PLANT 031 北美海棠　　*Malus* 'American'　　苹果属

形态特征： 落叶小乔木。分枝多变，树冠呈圆球状、直立柱状、垂枝型等。树干颜色为新干棕红色、黄绿色，老干灰棕色，观赏性强。花量大，花色多，多有香气。果实扁球形，果有红、黄、粉多种颜色，较大的称为观赏苹果，较小的称为海棠果。花期4~5月，果期7~10月。部分品种果实可宿存到翌年3月，观赏期长。

生态特性： 北美海棠是由美国和加拿大研究人员从杂交的海棠中选育出来，多品种，统称为北美海棠。适应性强，对环境要求不严，在我国各地均可正常生长。

观赏价值及应用： 北美海棠花色、叶色、果色和枝条色彩丰富，观赏价值高。可在园林绿地、公园、庭院中孤植、群植、片植栽植观赏。主要品种有'道格''喜洋洋''红玉''丰盛''印第安魔力''雪坠''当娜''红巴伦''亚当''红珠宝'等。

蔷薇科　Rosaceae

北美海棠（观赏苹果）

北美海棠（'红宝石'）

北美海棠（'绚丽'海棠）

121

蔷薇科　Rosaceae

PLANT 032　八棱海棠　*Malus × robusta*　苹果属

形态特征： 八棱海棠为楸子和山荆子的杂交种。落叶小乔木。树高达7m，树冠开张，树干暗褐色。嫩枝或褐或红褐色。叶卵圆或椭圆形。花3~6朵成伞形花序，花于叶后开放，淡粉红色或白色。果实扁圆形或少数为近圆形乃至卵圆形。花期4月，果期8~10月。

生态特性： 抗寒、抗旱、抗盐碱、抗病虫、耐瘠薄、寿命长。

观赏价值及应用： 树形优美，花、果均有极高的观赏价值。宜孤植、丛植于公园、绿地、庭院观赏。

蔷薇科 Rosaceae

PLANT 033 梨 *Pyrus bretschneideri* 梨属

形态特征： 落叶乔木。树冠开展；2年生枝紫褐色，具稀疏皮孔。叶片卵形或椭圆卵形，边缘有尖锐锯齿，齿尖有刺芒，微向内合拢；托叶膜质。伞形总状花序；苞片膜质；花瓣卵形。果实卵形或近球形，黄色，有细密斑点；种子倒卵形，微扁，褐色。花期4~5月，果期8~9月。栽培品种甚多。

生态特性： 耐寒、耐旱、耐涝、耐盐碱。根系发达，喜光喜温，宜选择土层深厚、排水良好的缓坡山地种植。

观赏价值及应用： 春季白花满树，秋季叶片红艳、梨果挂满枝头，是优良的观花、观果树种。在园林中宜孤植于庭院，或丛植于开阔地、亭台周边或溪谷口、小河桥头均甚相宜。

蔷薇科　Rosaceae

PLANT 034　杜梨　*Pyrus betulifolia*　梨属

形态特征： 乔木。树冠开展，枝常具刺；小枝嫩时密被灰白色绒毛。叶片菱状卵形至长圆卵形，边缘有粗锐锯齿，幼叶上下两面均密被灰白色绒毛。伞形总状花序，花瓣宽卵形，白色。果实近球形，褐色，有淡色斑点，萼片脱落，基部具带绒毛果梗。花期4月，果期8~9月。

生态特性： 喜光，耐寒，耐水湿，耐干旱贫瘠，较耐盐碱，在中性土及盐碱土上均能正常生长。深根性，萌蘖力强，抗病虫害，生长较慢，寿命长。

观赏价值及应用： 树形优美，花色洁白，开花时蔚为壮观。孤植、群植、列植均宜。可用作行道树、庭荫树，也可用于造林和防护林树种。

蔷薇科 Rosaceae

PLANT 035 豆梨 *Pyrus calleryana* 梨属

形态特征： 落叶乔木。树形多样；小枝粗壮，圆柱形。叶片宽卵形至卵形，边缘有钝锯齿。伞形总状花序；苞片膜质，线状披针形，内面具绒毛；花瓣卵形，白色。梨果球形，黑褐色。花期4月，果期8~9月。

生态特性： 喜光，稍耐阴，不耐寒，耐干旱、瘠薄。对土壤要求不严，在碱性土中也能生长。深根性。具抗病虫害能力。生长较慢。

观赏价值及应用： 树形优美，花色洁白，秋叶红艳，是集赏形、观花、观叶于一体的园林树种。可孤植、群植于园林庭院、绿地观赏，也可列植作行道树。主要品种有'克利夫兰''红塔''秋火焰''三体''首都'等。

蔷薇科　Rosaceae

PLANT 036　秋子梨　*Pyrus ussuriensis*　梨属

形态特征：乔木。高达15m。二年生枝条黄灰色至紫褐色，老枝转为黄灰色或黄褐色；冬芽肥大，卵形。叶片卵形至宽卵形，长5~10cm，宽4~6cm，先端短渐尖，基部圆形或近心形，边缘具有带刺芒状尖锐锯齿；托叶线状披针形。花序密集，有花5~7朵；花瓣白色；雄蕊20，花药紫色；花柱5。果实近球形，黄色，萼片宿存。花期4~5月，果期8~10月。

生态特性：抗寒力很强，对土壤要求不严，砂土、壤土、黏土都能栽培。

观赏价值及应用：品种较多，常见的香水梨、安梨、酸梨、沙果梨、京白梨、鸭广梨等均属于该种。花和果实都有较高观赏价值。可用于公园、庭院。

薔薇科　Rosaceae

PLANT 037　**黄刺玫**　*Rosa xanthina*　薔薇属

形态特征： 直立灌木。高 2~3m。小叶 7~13 枚；小叶片宽卵形或近圆形，稀椭圆形，边缘有圆钝锯齿。花单生于叶腋，单瓣或重瓣；花瓣黄色，宽倒卵形。薔薇果近球形或倒卵形，紫褐色或黑褐色。花期 4~5 月，果期 7~9 月。

生态特性： 喜光，稍耐阴，耐寒力强。不耐水涝。对土壤要求不严，耐干旱和瘠薄，在盐碱土中也能生长，以疏松、肥沃土地为佳。

观赏价值及应用： 花朵金黄，鲜艳夺目，且花期长，是优良观花灌木。宜丛植于庭院、草地、路旁等处，也可栽种于建筑物阳面或侧面形成花篱。

蔷薇科　Rosaceae

PLANT 038　多花蔷薇　*Rosa multiflora*　蔷薇属

形态特征： 攀缘灌木。小枝圆柱形。叶片倒卵形、长圆形或卵形，边缘有尖锐单锯齿，上面无毛，下面有柔毛。花数朵排成圆锥状花序，花色丰富，有白色、红色、深粉色等。果近球形，红褐色或紫褐色，有光泽。花期5月。

生态特性： 喜光，耐半阴，耐寒，耐干旱，耐瘠薄，不耐积水。对土壤要求不严。萌蘖性强，耐修剪，抗污染。

观赏价值及应用： 枝干攀缘，花香色艳，气味芳香，是优良的庭院垂直绿化观花树种。宜丛植于花柱、花架、花门、篱垣与栅栏、墙面等处。常见栽培变种有粉团蔷薇、七姊妹、白玉堂等。

薔薇科　Rosaceae

PLANT 039　玫瑰　*Rosa rugosa*

薔薇属

形态特征： 落叶灌木。高达2m。枝粗壮，密生皮刺或针刺。奇数羽状复叶，互生，小叶5~9枚，有皱褶，椭圆形或椭圆状倒卵形，先端急尖或圆钝，基部圆形或宽楔形，边缘有锐锯齿。花单生或数朵簇生枝顶，芳香，萼片5，卵状披针形；花瓣5，倒卵形，重瓣至半重瓣，芳香，紫红色至白色。蔷薇果扁球形，紫红色，萼片宿存。花期5~6月，果期8~9月。

生态特性： 喜光，不耐庇荫；耐寒，耐旱，耐瘠薄，萌蘖力强。对土壤要求不严，在通风、排水良好的壤土、砂壤土中生长较好。

观赏价值及应用： 花形秀美，色泽鲜艳，芳香馥郁，是优良观花树种。可作丛植于路边、花坛、庭院观赏。也可盆栽或作切花观赏。

蔷薇科　Rosaceae

PLANT 040　月季　*Rosa chinensis*　蔷薇属

形态特征： 灌木。小枝粗壮，具短粗的钩状皮刺。奇数羽状复叶，互生，小叶3~5枚，宽卵形至卵状长圆形，先端长渐尖或渐尖，基部近圆形或宽楔形，边缘有粗锯齿，表面深绿，有光泽。花单生或簇生成伞房状，萼片5，卵形；花瓣5，倒卵形，有芳香，有白、黄、绿、粉红、红、紫等色。蔷薇果球形或梨形，红色，萼片宿存。花期5~9月，果期9~11月。

生态特性： 喜光，耐寒、耐旱，适应性强，对土壤要求不严，在中性、富含有机质、排水良好的酸性壤土中生长较好。

观赏价值及应用： 花色繁多艳丽，花期较长，部分品种四季开花，是优良的园林观花树种。可布置成规则式花坛；可丛植于路缘、草坪角隅等处；可片植营建月季专类园；也可盆栽观赏和作切花材料。藤本月季宜用于花架、花墙、花篱、花门等作垂直绿化。

　　月季品种繁多，主要栽培类型有切花月季、藤本月季、树状月季、地被月季等。

蔷薇科　Rosaceae

丰花月季

藤本月季

蔷薇科　Rosaceae

PLANT 041　棣棠　*Kerria japonica*　棣棠属

形态特征： 落叶灌木。高1~2m。小枝绿色，光滑有棱。单叶互生，卵形或三角状卵形，先端长渐尖，基部平截、楔形或近圆形，边缘有不规则重锯齿，常浅裂，背面微有柔毛。花单生于侧枝顶端，萼片5，全缘，花瓣5，金黄色。聚合瘦果，扁球形，褐黑色，花萼宿存。花期4~5月，果期7~8月。

生态特性： 喜光，耐半阴，喜温暖湿润气候，不耐严寒。对土壤要求不严，以肥沃、疏松的砂壤土生长最好。萌蘖力强。

观赏价值及应用： 青枝秀丽，绿叶葱翠，花朵金黄，别具风姿，是优良的庭院美化树种。宜丛植于水畔、路边、林缘和假山旁，也可用作花篱、花境或群植于常绿树丛之前。

蔷薇科　Rosaceae

鸡麻　*Rhodotypos scandens*

鸡麻属

形态特征： 落叶灌木。高达3m。小枝绿色、细弱。叶对生，卵形至椭圆状卵形，先端渐尖，基部圆心形至微心形，边缘有尖锐重锯齿，表面皱。花白色，单生新枝顶端，萼片4，卵形，花瓣4，近圆形。核果1~4，黑色或褐色。花期4~5月，果期6~9月。

生态特性： 喜光，耐半阴。耐寒、怕涝，适生于疏松肥沃、排水良好的土壤。耐修剪，萌蘖力强。

观赏价值及应用： 小枝绿色，花色洁白，叶色浓绿，是优良的庭院观赏树种。宜丛植于路缘、草地、角隅或池边，也可丛植于山石旁。

蔷薇科 Rosaceae

PLANT 043 桃 *Amygdalus persica* 桃属

形态特征： 落叶乔木。高3~8m；树皮暗褐色，粗糙。小枝细长、绿色，向阳处转变成红色；冬芽圆锥形，顶端钝，外被短柔毛，常2~3个簇生。叶多呈披针形，叶缘有锯齿，叶柄基部常生蜜腺。花单生，先叶开放；萼片5，外面密被白色短柔毛；花瓣5，基部具短爪，粉红色或白色。核果近球形或卵形，密被短毛。花期4月，果期7~9月。

生态特性： 喜光，不耐阴。适温和气候，耐寒、耐旱，忌涝，淹水24小时会造成植株死亡。

观赏价值与应用： 树形、枝姿、花形、花色等十分丰富，是优良的园林观花树种。适宜在园林绿地群植、散植。也可在庭院、湖滨、道路两侧和公园布置。

蔷薇科　Rosaceae

PLANT 044

照手桃
Amygdalus persica f. *pyramidalis*

桃属

形态特征： 落叶小乔木。枝条直上，分枝角度小。树冠窄塔形或窄圆锥形，形同扫帚。花重瓣，色彩鲜艳，着花繁密，颜色艳丽，有粉红、绿、大红和绛红色等。果实绿色，卵圆形。花期4月。

生态特性： 喜光，喜砂质土壤，不耐水湿。抗逆性强，耐旱抗寒，宜种植在阳光充足、土壤砂质的地方。

观赏价值与应用： 树姿优美，花色多样，花期长，观赏价值高。适宜在庭院孤植、群植观赏，也可列植作行道树或者高大的花篱。主要品种有'照手红''照手白''照手姬'等。

135

蔷薇科 Rosaceae

PLANT 045   菊花桃   *Amygdalus persica* 'Juhuatao'   桃属

形态特征：桃的观赏品种，因花形酷似菊花而得名。落叶小乔木。干皮深灰色，小枝细长柔弱，黄褐色，节间较长。花粉色；花蕾卵形；花瓣披针状卵形，不规则扭曲，边缘呈不规则的波状；花复瓣，菊花型。果实绿色，尖圆形。花期4月。

生态特性：喜阳光充足、通风良好的环境，耐干旱、高温和严寒，不耐阴，忌水涝。适宜在疏松肥沃、排水良好的中性至微酸性土壤中生长。

观赏价值与应用：株形紧凑，开花繁茂，花形奇特，色彩鲜艳，观赏价值高。可用于庭院及行道树栽植，也可栽植于广场、草坪以及庭院或其他园林绿地。

蔷薇科　Rosaceae

PLANT 046　碧桃　*Amygdalus persica* f. *duplex*　桃属

形态特征： 落叶小乔木。树冠广卵形；树皮灰褐色。单叶互生，椭圆状或披针形，先端渐尖，基部宽楔形，叶边具细锯齿。花单生或两朵生于叶腋，重瓣，淡红色，先于叶开放。花期4月。

生态特性： 喜光，耐旱，耐寒，不耐潮湿环境。忌积水，喜肥沃、排水良好的土壤环境。

观赏价值及应用： 花大色艳，观赏期长，是优良的早春观花树种。碧桃有很多栽培品种，如红花碧桃、红叶碧桃、白花碧桃等。在园林绿化中可用于庭院、草坪、绿地、湖滨、道路两侧和公园内，可列植、片植和孤植。

蔷薇科　Rosaceae

PLANT 047　红叶碧桃
Amygdalus persica f. *atropurpurea*

桃属

别名： 紫叶碧桃。
形态特征： 叶紫色，花红色。花期4月。
生态特性： 喜光，耐旱，耐寒，不耐潮湿环境。忌积水，喜肥沃、排水良好的土壤环境。

观赏价值及应用： 花大色艳，观赏期长，是优良的早春观花树种。可用于庭院、草坪、绿地、湖滨、溪流、道路两侧和公园内，可列植、片植和孤植。

蔷薇科　Rosaceae

PLANT 048

垂枝碧桃
Amygdalus persica f. *pendula*

桃属

形态特征： 树冠伞形，枝条下垂。花期4月。

生态特性： 喜光，耐旱，耐寒，不耐潮湿环境。忌积水，喜肥沃、排水良好的土壤环境。

观赏价值及应用： 枝条下垂，花大色艳，观赏期长，是优良的早春观花树种。可用于庭院、草坪、绿地、湖滨、道路两侧和公园内，可列植、片植和孤植。

蔷薇科　Rosaceae

PLANT 049

白花山碧桃

Amygdalus persica 'Baihua Shanbitao'

桃属

形态特征： 山碧桃类。树体高大，枝形开展。树皮光滑，深灰色或暗红褐色。小枝细长，黄褐色。花白色，花蕾卵形，花瓣卵形，梅花型。叶绿色，椭圆状披针形。

生态特性： 喜光，耐寒，耐旱，较耐盐碱，忌水湿。

观赏价值及应用： 花期在所有桃花品种中最早，在雄安地区3月下旬即可盛花。观赏价值高，可用于庭院及行道树栽植。

蔷薇科　Rosaceae

PLANT 050　寿星桃　*Amygdalus persica* var. *densa*　桃属

形态特征： 桃的变种。树冠开张、矮小。叶为窄椭圆形至披针形，先端呈长而细的尖端，边缘有细齿。花单生，从淡至深粉红或红色，有时为白色。核果近球形。花期4月。

生态特性： 喜光，耐旱，耐寒，不耐潮湿环境。忌积水，喜肥沃、排水良好的土壤。

观赏价值及应用： 具有很高的观赏价值，用于小区、公园，可作桩景在园林绿地栽植观赏。

蔷薇科 Rosaceae

PLANT 051 山桃 *Amygdalus davidiana* 桃属

形态特征： 落叶乔木。高达10m，树皮紫褐色或暗紫红色，有光泽，平滑，常具横向环纹，老时纸质剥落。小枝紫红色，冬芽并生。叶互生，卵状披针形。花单生；花瓣5，粉红色至白色，先叶开放。核果，近圆形，淡黄色。花期3月，果期7~8月。

生态特性： 喜光，耐寒，耐干旱、瘠薄，怕涝。对土壤要求不严，一般土质都能生长。

观赏价值及应用： 株型优美，枝干红色，早春开花，花色鲜艳，是优良的观花、观干树种。可孤植、群植于公园、路缘、草坪以及庭院等场所。

蔷薇科 Rosaceae

PLANT 052   白山桃   *Amygdalus davidiana* f. *alba*   桃属

形态特征： 乔木。高可达10m；树冠开展，树皮暗紫色，光滑，小枝细长，直立。叶片卵状披针形，叶边具细锐锯齿。花单生，先于叶开放；花梗极短或几无梗；花瓣倒卵形或近圆形，粉红色，先端圆钝，稀微凹；雄蕊多数，几与花瓣等长或稍短；子房被柔毛，花柱长于雄蕊或近等长。果实近球形，淡黄色。花期3月，果期7~8月。

生态特性： 喜光，耐寒，耐干旱瘠薄，怕涝。对土壤要求不严，一般土质都能生长。

观赏价值及应用： 株型优美，枝干红色，早春开花，花色鲜艳，是优良的观花、观干树种。可孤植、群植于公园、路缘、草坪以及庭院等场所。

143

蔷薇科 Rosaceae

PLANT 053 榆叶梅 *Amygdalus triloba* 桃属

形态特征： 落叶灌木。枝细小光滑。单叶互生，叶呈椭圆形。花单生或互生，花梗短，紧贴生在枝条上；花有单瓣、重瓣和半重瓣之分，初开多为深红，渐渐变为粉红色，最后变为粉白色。花期3~4月，果熟期7~8月。

生态特性： 喜光、耐寒、耐旱、不耐水涝。对土壤要求不严，喜中性至微碱性、肥沃疏松的砂壤土。

观赏价值及应用： 早春开花，花朵密集，花型多样，是优良的春季观花灌木。常植于建筑前、路边，或衬于常绿树前等处。在园林或庭院中宜与苍松翠柏丛植，或与连翘配植，孤植、丛植或列植为花篱，景观极佳。

蔷薇科　Rosaceae

 杏　*Armeniaca vulgaris*　　杏属

形态特征： 落叶乔木。树皮黑褐色或紫褐色。小枝褐色或红褐色。单叶互生，叶片卵圆形至近圆形，先端急尖至渐短尖，基部圆形或近心形，叶缘具粗钝锯齿，叶柄近叶基处具腺体。花单生，无梗，先花后叶，花瓣5，圆形或倒卵形，白色或浅粉红色。核果，被短柔毛。花期4月，果熟期6~7月。

生态特性： 喜光，耐寒，耐干旱，不耐水涝。抗盐碱，对土壤要求不严，在壤土、黏土、微酸性土、碱性土上都能生长。

观赏价值及应用： 花色白中带粉，胭脂万点，花繁姿娇，是优良的早春观花树种。可孤植于庭前、墙隅、路旁、湖边，也可列植、群植、片植于土坡、水畔。

145

蔷薇科 Rosaceae

PLANT 055 山杏 *Armeniaca sibirica* 杏属

形态特征： 灌木或小乔木，树皮暗灰色；叶片卵形或近圆形，叶缘有细钝锯齿。花单生，先于叶开放；花萼紫红色，萼筒钟形；花瓣白色或粉红色。果实扁球形，黄色或橘红色；核扁球形。花期3~4月，果期6~7月。

生态特性： 适应性强，喜光，耐寒、耐旱、耐瘠薄。

观赏价值及应用： 花先叶开放，花色美丽，是优良的早春观赏花木。宜孤植、丛植于水榭、湖畔、公园、厂矿、庭院等地观赏。

蔷薇科　Rosaceae

PLANT 056　辽梅杏　*Armeniaca sibirica* var. *pleniflora* 杏属

形态特征： 山杏的变种。树冠半圆形，树姿开张。多年生枝红褐色，表皮光滑无毛。叶片卵圆形，基部宽楔形，先端渐尖。花重瓣，花型似梅花，具清香；花萼粉红色，花瓣粉白色。花期3~4月。

生态特性： 原产辽宁北票大黑山林场。适应性强，喜光，耐寒、耐旱、耐瘠薄。

观赏价值及应用： 花型似梅花，极具观赏价值。宜孤植、丛植于水榭、湖畔、公园、庭院等地观赏。

蔷薇科　Rosaceae

陕梅杏
Armeniaca vulgaris var. *meixianensis*

PLANT 057

杏属

形态特征： 山杏的变种。落叶乔木。高2~4m。叶片圆形，基部宽楔形，先端急尖，叶缘单锯齿。花大，重瓣；花萼紫红色，花瓣粉红色。不易结果。花期3~4月。

生态特性： 适应性强，喜光，耐寒、耐旱、耐瘠薄。

观赏价值及应用： 原产陕西眉县。花型似梅花，极具观赏价值。宜孤植、丛植于水榭、湖畔、公园、庭院等地观赏。

蔷薇科　Rosaceae

PLANT 058　丰后梅　*Prunus mume* 'Fenghou'　李属

形态特征： 落叶小乔木。树冠扁圆开张。干红褐色；枝条直上或斜出，似杏，特粗壮。花1~2朵着生于中、短及束花枝上；花态浅碗形，花瓣3~4层，正面深粉红至浅粉红。

生态特性： 原产日本。适应性强，抗寒性强，属阳性树种，抗旱性较强，喜空气湿度高，不耐水涝。对土壤要求不严，以微酸性的黏壤土（pH值6左右）为好。

观赏价值及应用： 花色艳丽。雄安地区多在4月下旬开花。为著名观赏花木。宜孤植于水榭、湖畔、公园、庭院等地观赏。

蔷薇科　Rosaceae

PLANT 059　梅　*Prunus mume*　李属

形态特征： 株高5~10m，干呈褐紫色。小枝绿色。叶片广卵形至卵形，边缘具细锯齿。花1~2朵，无梗或具短梗，原种呈淡粉红色或白色，栽培品种则有紫、红、彩斑至淡黄等花色，于早春先叶而开。花期3月。

生态特性： 耐寒性较强，可耐-15℃的低温。对土壤要求并不严格，但土质以疏松肥沃、排水良好为佳。对水分敏感，虽喜湿润但怕涝。

观赏价值及应用： 花先叶开放，傲霜斗雪，色、态俱佳，是我国名贵的早春观花树种。适宜孤植、丛植、群植；可在园林绿地、庭园、风景区栽植应用；也可屋前、坡上、石际、路边自然配植。

薔薇科　Rosaceae

梅（垂枝）

151

蔷薇科　Rosaceae

 PLANT 060　　李　　*Prunus salicina*　　　　李属

形态特征：落叶乔木。树冠广球形。树皮黑灰色。叶为椭圆状倒卵形或倒卵形，先端渐尖或突渐尖，基部宽楔形，边缘有锯齿。花常3朵簇生，先叶开放；花瓣5，白色。核果卵球形，绿色、黄色、淡红色或紫红色。花期3~4月，果熟期7~8月。

生态特性：喜光、耐旱、耐寒，不耐积水，对土壤要求不严，适生于山区平川地、丘陵、平原等各种砂质或黏质壤土。

观赏价值及应用：春季开花早，花繁，果实颜色多样，极为美观。可作园林绿化树种和蜜源植物，宜植于庭院、宅旁观赏。

蔷薇科　Rosaceae

PLANT 061

紫叶李
Prunus ceraifera var. *atropurpurea*

李属

形态特征： 落叶小乔木。干皮紫灰色，小枝淡红褐色，均光滑无毛。单叶互生，叶卵圆形或长圆状披针形，色暗绿或紫红。花单生或2朵簇生，白色。核果扁球形，熟时红或紫色。花叶同放，花期4月，果常早落。

生态特性： 喜光，稍耐阴。抗寒，适应性强，以温暖湿润的气候环境和排水良好的砂质壤土最为适应。不耐盐碱和水涝。

观赏价值及应用： 叶常年紫红，尤以春季最为鲜艳，是著名的色叶树种。可丛植、孤植或对植于草坪、花坛、广场、建筑物前。

蔷薇科 Rosaceae

PLANT 062 欧洲李 *Prunus domestica* 李属

形态特征： 落叶乔木。高6~15m。树冠宽卵形。叶片椭圆形或倒卵形，长4~10cm，宽2.5~5cm，先端急尖或圆钝，稀短渐尖，基部楔形，偶有宽楔形，边缘有稀疏圆钝锯齿，侧脉5~9对。花1~3朵，簇生；花瓣白色。核果通常卵球形到长圆形，红色、紫色、绿色、黄色，常被蓝色果粉。花期5月，果期9月。

生态特性： 根系较浅，不耐干旱，宜栽于地下水不深的肥沃土壤中。

观赏价值及应用： 春季开花早，花繁，果实形状、颜色多样，较为美观。可作园林绿化树种和蜜源植物，宜植于庭院观赏。

蔷薇科　Rosaceae

PLANT 063　美人梅　*Prunus × blireana* 'Meiren'　李属

形态特征： 由重瓣粉型梅花与红叶李杂交而成。落叶小乔木。叶片紫红色，卵状椭圆形。花粉红色，重瓣，1~2朵着生于长、中及短花枝上，先叶开放。有时结果；果紫红色。花期3~4月。

生态特性： 抗寒性强。喜光，在阳光充足的地方生长健壮。抗旱，不耐水涝，对土壤要求不严，以微酸性的黏壤土为好。

观赏价值及应用： 花繁叶密，亮红的叶色和紫红的枝条极具观赏价值，是优良的观花、观叶树种。可孤植、片植或与绿色观叶植物搭配植于庭院或园路旁。

蔷薇科 Rosaceae

PLANT 064 紫叶矮樱 *Prunus × cistena* 李属

形态特征： 紫叶李与矮樱杂交种。落叶灌木或小乔木。枝条幼时紫褐色，老枝有皮孔。单叶互生，叶长卵形或卵状长椭圆形，先端渐尖，叶紫红色或深紫红色，叶缘有不整齐的细钝齿。花单生，中等偏小，淡粉红色，花瓣5片。花期4月。

生态特性： 喜光，耐寒。适应性强，对土壤要求不严格，在排水良好、肥沃的砂壤土、轻度黏土上生长良好。

观赏价值及应用： 叶片紫红色，亮丽别致，是优良的彩叶树种。宜孤植、丛植，还可作绿篱、色带、色球等栽植应用。

蔷薇科　Rosaceae

PLANT 065　毛樱桃　*Cerasus tomentosa*　樱属

形态特征： 落叶灌木。分枝多密集。叶片卵状椭圆形或倒卵状椭圆形，上面暗绿色或深绿色，被疏柔毛，下面灰绿色，密被灰色绒毛；叶芽着生枝条顶端及叶腋间。花芽密集，花先叶开放，白色至淡粉红色。核果圆形或长圆形，鲜红或乳白。花期3~4月，果期6~9月。

生态特性： 喜光、喜温湿气候，不耐盐碱和涝渍。土壤以土质疏松、土层深厚的砂壤土为佳。

观赏价值及应用： 花朵娇小密集，果实艳丽，是集观花、观果为一体的园林观赏植物。适宜在园林绿地、庭院丛植观赏。

蔷薇科　Rosaceae

PLANT 066　郁李　*Cerasus japonica*　樱属

形态特征： 落叶灌木。高约2m；小枝灰褐色，嫩枝绿色或绿褐色。叶卵形或宽卵形，少有披针状卵形。花1~3朵，簇生，花叶同开或先叶开放，白色或粉红色。核果近球形，深红色。花期4~5月，果期7~8月。

生态特性： 喜光，耐寒，抗旱，不怕水湿，对土壤要求不严，在肥沃湿润的砂质壤土中生长最好。

观赏价值及应用： 花蕾桃红色，花朵繁密如云，果实深红色，是园林中重要的观花、观果树种。宜丛植于草坪、假山石旁、林缘、建筑物前，或点缀于庭院路边，也可作花篱栽植。

蔷薇科 Rosaceae

PLANT 067 麦李 *Cerasus glandulosa*

樱属

形态特征： 落叶灌木，高达2m。叶卵状长椭圆形至椭圆状披针形，先端急尖而常圆钝，基部广楔形，缘有细钝齿，两面无毛或背面中肋疏生柔毛。花粉红色或近白色。果近球形，红色或粉红色。花期3~4月，果期5~8月。

生态特性： 喜光，较耐寒，适应性强。耐旱，也较耐水湿；根系发达。忌低洼积水、土壤黏重。喜生于湿润疏松、排水良好的砂壤土中。

观赏价值及应用： 春天先叶开花，满树灿烂，甚为美丽，秋叶变红，是很好的庭园观赏树。宜于草坪、路边、假山旁及林缘丛栽观赏，也可作基础栽植、盆栽或催花、切花材料。

栽培中变化较大，根据花色、单瓣或重瓣等变异又划分若干变种或变型。

白花重瓣麦李 *Cerasus glandulosa* f. *albo-plena* 灌木，花较大，白色，重瓣。

粉花重瓣麦李 *Cerasus glandulosa* f. *sinensis* 落叶灌木，花粉红色，重瓣。

蔷薇科 Rosaceae

PLANT 068 樱桃 *Cerasus pseudocerasus* 樱属

形态特征： 乔木。树皮灰白色。小枝灰褐色，嫩枝绿色。叶片卵形或长圆状卵形，先端渐尖或尾状渐尖，基部圆形；托叶早落，披针形，有羽裂腺齿。花序伞房状或近伞形，先叶开放。花期4月，果期5~6月。

生态特性： 生于山坡林中、林缘、灌丛中或草地。适宜的土壤pH值为6.5~7.5的中性环境，在土层深厚、土质疏松、通气良好的砂壤土上生长较好。

观赏价值及应用： 树姿美观，初春开花，繁茂如雪，红果艳丽，是优良的观花、观果经济树种。可在园林绿地孤植、群植观赏应用。

蔷薇科　Rosaceae

PLANT 069　大叶早樱　*Cerasus subhirtella*　樱属

形态特征： 落叶乔木。高3~10m，树皮灰褐色；小枝灰色，嫩枝绿色，密被白色短柔毛；冬芽卵形，鳞片先端有疏毛。叶片卵形至卵状长圆形。花序伞形，有花2~3朵，花叶同开；花瓣淡红色，倒卵长圆形，花期4月，果期6月。

生态特性： 喜阳光，喜温暖湿润气候环境。对土壤要求不严，以疏松肥沃、排水良好的砂质土壤为好，不耐盐碱土。根系较浅，忌积水低洼地。有一定的耐寒和耐旱力。抗烟及抗风能力弱。

观赏价值及应用： 盛开时节花繁艳丽，满树繁花，如云似霞，极为壮观。可大片栽植，或丛植点缀于绿地，还可孤植。

蔷薇科 Rosaceae

PLANT 070 垂枝樱　　*Cerasus subhirtella* var. *pendula*　樱属

形态特征： 落叶乔木。树皮灰褐色。小枝灰色，细软下垂。叶片卵形至卵状长圆形，先端渐尖，基部宽楔形，边有细锐锯齿和重锯齿；叶柄被白色短柔毛。花先叶开放，粉红色。核果卵球形，黑色。花期4月，果期6月。

生态特性： 喜光、耐寒。适宜在土层深厚、土质疏松、透气性好、保水力较强的砂壤土或砾质壤土上栽培。

观赏价值及应用： 枝条下垂，树形优美，花先叶开放，花色粉红，绚丽多彩。可孤植或群植于庭院、公园、草坪、湖边或居住小区等处，也可以列植或与其他花灌木配置于道路两旁，或片植作专类园。

蔷薇科　Rosaceae

PLANT 071

日本晚樱

Cerasus serrulata var. *lannesiana*

樱属

形态特征： 落叶乔木。树皮银灰色，有锈色唇形皮孔。叶片为椭圆状卵形、长椭圆形至倒卵形，有重锯齿，叶柄近基部有粉红色腺体。花重瓣、下垂，粉红色或近白色。核果球形或卵球形，紫黑色，直径8~10mm。花期4~5月，果期6~7月。

生态特性： 喜光，喜温暖湿润的气候，对土壤要求不严，以深厚肥沃的砂质土壤生长最好。不耐盐碱。忌积水低洼地。

观赏价值及应用： 花朵美丽，盛开时满树烂漫，如云似霞，是早春开花的著名观赏花木。在日本有悠久的栽培历史，园艺品种极多。按花色分有纯白、粉白、深粉至淡黄色，幼叶有黄绿、红褐至紫红诸色，花瓣有单瓣、半重瓣至重瓣之别。在园林绿地、庭院中可孤植或丛植，也可列植、群植。

蔷薇科 Rosaceae

PLANT 072 日本樱花 *Cerasus yedoensis* 樱属

形态特征： 乔木。高4~16m，树皮灰色。小枝淡紫褐色，无毛。叶片椭圆卵形或倒卵形，长5~12cm，宽2.5~7cm，先端渐尖或骤尾尖，基部圆形，边有尖锐重锯齿。花序伞形总状，总梗极短，有花3~4朵，先叶开放；花梗长2~2.5cm，被短柔毛；花瓣白色或粉红色，椭圆状卵形，先端下凹。核果近球形。花期4月，果期5月。

生态特性： 原产日本。园艺品种很多。喜光，喜温暖湿润的气候，对土壤要求不严，以深厚肥沃的砂质土壤生长最好。对烟尘、有害气体及海潮风的抵抗力均较弱。不耐盐碱。忌积水低洼地。有一定的耐寒和耐旱力。

观赏价值及应用： 著名的早春观赏树种，在开花时满树灿烂，但是花期很短，仅保持1周左右就凋谢，适宜种植在山坡、庭院、建筑物前及园路旁。该种在日本栽培广泛，也是中国引种最多的种类，花期早，先叶开放，着花繁密，花色粉红，可孤植或群植于庭院、公园、草坪、湖边或居住小区等处，远观似一片云霞，绚丽多彩，也可以列植或与其他花灌木合理配置于道路两旁，或片植作专类园。

蔷薇科 Rosaceae

PLANT 073 稠李 *padus racemosa*

稠李属

形态特征： 落叶乔木，高达15m。小枝紫褐色，有棱。单叶互生，叶椭圆形，叶缘具尖细锯齿，叶柄近叶片基部有2腺体。腋生总状花序下垂，花白色。核果近球形，紫黑色，有光泽。花期4月，果期8~9月。

生态特性： 喜光也耐阴，抗寒力较强，怕积水涝洼，不耐干旱瘠薄，在湿润肥沃的砂质壤土上生长良好。

观赏价值及应用： 花序长而下垂，花白如雪，极为美丽壮观。入秋叶色黄带微红，衬以紫黑果穗，十分美丽，是良好的观花、观叶、观果树种。可孤植、丛植、群植，又可片植、列植。

蔷薇科 Rosaceae

PLANT 074 紫叶稠李
Padus virginiana 'Canada Red'

稠李属

形态特征： 落叶乔木。高可达15m。单叶互生，叶缘有锯齿，近叶片基部有2腺体；叶片秋季变紫色或紫红色。总状花序直立，后期下垂，花瓣白色，近圆形。果球形，成熟时为紫黑色。花期4月，果期7~8月。

生态特性： 喜光，喜湿润、肥沃疏松、排水良好土壤。抗寒力强，怕积水涝洼，不耐干旱瘠薄。

观赏价值及应用： 树形优美，叶片紫红色，优良的色叶观赏树种。可孤植、对植、丛植于庭院、亭阁周边、假山景石、墙角转弯处等处，也可列植作行道树。

蔷薇科　Rosaceae

PLANT 075　白鹃梅　*Exochorda racemosa*　白鹃梅属

形态特征： 落叶灌木。枝条细弱开展；小枝圆柱形。叶片椭圆形、长椭圆形至长圆倒卵形，叶柄短或近于无柄。总状花序顶生，萼筒浅钟状，花瓣倒卵形，先端钝，基部有短爪，白色。蒴果，倒圆锥形，无毛，有5脊。花期4月，果期6~8月。

生态特性： 喜光，也耐半阴，适应性强，耐干旱瘠薄土壤，有一定耐寒性。

观赏价值及应用： 姿态秀美，春日开花，满树雪白，如雪似梅，是美丽的园林观赏树种。宜在草地、林缘、路边及假山岩石间配植，或在常绿树丛边缘群植观赏。

蔷薇科 Rosaceae

PLANT 076 火棘 *Pyracantha fortuneana*

火棘属

形态特征： 常绿灌木或小乔木。高达3m；侧枝短，先端呈刺状。叶片倒卵形或倒卵状长圆形，先端圆钝或微凹，有时具短尖头，基部楔形，边缘有钝锯齿；叶柄短，无毛或嫩时有柔毛。花集成复伞房花序，萼筒钟状，花瓣白色，近圆形。果实近球形，橘红色或深红色。花期4~5月，果期8~11月。

生态特性： 喜强光，耐贫瘠，抗干旱，不耐寒。对土壤要求不严，而以排水良好、湿润、疏松的中性或微酸性壤土为好。

观赏价值及应用： 树形优美，夏有繁花，秋有红果，果实存留枝头甚久，是优良的春季观花、冬季观果树种。宜在园林绿地孤植、群植、片植观赏，也可作绿篱及造型树。耐寒性差，在华北应选择背风向阳的小气候区域栽植或盆栽应用。

蔷薇科　Rosaceae

PLANT 077　欧洲火棘　*Pyracantha coccinea*　火棘属

形态特征： 灌木。株高可达3m，短侧枝常呈刺状。单叶对生，叶常倒卵状长椭圆形，边缘有锯齿。花两性，白色，呈复伞房花序。梨果近球形，熟时橙黄色，7月下旬盆栽苗果实已开始着色，8~9月全部成熟。花期4~5月。

生态特性： 适应性较强，喜光，也能耐半阴；对土壤要求不严，耐干旱瘠薄，在石灰岩地和钙质土壤也可生长。主根不发达，而侧根发达，根系密集，为浅根系树种，根系主要分布在15~35cm土层内。

观赏价值及园林应用： 欧洲火棘生长迅速，耐修剪，易整形而复萌快，在园林绿地中具有较高的利用价值。是园林中极好的刺篱树种和防护树种，可以应用于庭院一些需要进行防护的绿地中。可作林缘、花坛点缀、草地丛栽，岩石园或山石配置。

蔷薇科　Rosaceae

PLANT 078　金露梅　*potentilla fruticosa*　委陵菜属

形态特征： 落叶灌木。株高约1.5m，树冠球形，分枝多。羽状复叶集生，长椭圆形至条状长圆形，全缘，边缘外卷。花单生或数朵排成伞房状，黄色，径2～3cm。瘦果卵形。花期5~6月。

生态特性： 耐寒性强，喜微酸至中性、排水良好的湿润土壤，也耐干旱、瘠薄。

观赏价值及应用： 金露梅植株紧密，花色艳丽，花期长，为良好的观花树种，可配植于岩石园，也可栽作绿篱。

豆科　Leguminosae

PLANT 001　合欢　*Albizia julibrissin*　合欢属

形态特征： 落叶乔木。高4~15m，树冠伞形。二回偶数羽状复叶，互生，羽片4~12对，每羽片有小叶10~30对。花序头状，伞房状排列，腋生或顶生；花淡红色。荚果线形，扁平。花期6~7月，果期9~11月。

生态特性： 喜温暖湿润和阳光充足环境，对气候和土壤适应性强，宜在排水良好、肥沃的土壤环境生长，但不耐水涝，也耐瘠薄土壤和干旱气候。生长迅速。对二氧化硫、氯气等有毒气体有较强的抗性。

观赏价值及应用： 树冠开阔，树形姿势优美，叶形雅致，羽状复叶昼开夜合，盛夏绒花满树，色香俱全。可作庭荫树、行道树，种植于林缘、房前、草坪等地。

豆科　Leguminosae

PLANT 002　山皂荚　*Gleditsia japonica*　皂荚属

别名： 日本皂荚。
形态特征： 落叶乔木。高达15m，枝刺扁。一回偶数羽状复叶，小叶16~22，长椭圆形或卵状长椭圆形，纸质，新枝上的叶为二回偶数羽状复叶，有羽片2~12。雌雄异株，雄花呈细长总状花序；花瓣4片，黄绿色；雄蕊8；雌花呈穗状花序，花柱1，柱头头状。荚果带形，暗红褐色，扭曲。花期5月，果期7月。
生态特性： 喜光，耐寒，喜温暖湿润及土壤深厚、排水良好环境。
观赏价值及应用： 枝干具刺，荚果扭曲，小枝绿色，可作庭荫树、行道树及孤植树观赏。

豆科　Leguminosae

PLANT 003　皂荚　*Gleditsia sinensis*　皂荚属

别名： 皂角。

形态特征： 落叶乔木。高可达30m；树冠扁球形，树干上常具红褐色圆柱形分枝长刺。叶为一回羽状复叶，小叶6~14。花杂性，黄白色，组成腋生或顶生总状花序。荚果带状，劲直或扭曲，两面鼓起，新月形弯曲，内无种子；种子多数，棕色。花期5月；果期5~12月。

生态特性： 喜光，稍耐阴，在微酸性、石灰质、轻盐碱土甚至黏土或沙土均能正常生长。深根性，耐旱性较强，寿命可达700年。

观赏价值及应用： 常栽培于公园、庭院或宅旁，也可作为公园绿化树种。

豆科 Leguminosae

PLANT 004 野皂荚 *Gleditsia microphylla* 皂荚属

形态特征： 灌木或小乔木。高2~4m。叶为一回或二回羽状复叶（具羽片2~4对）；小叶5~12对，薄革质，斜卵形至长椭圆形。花杂性，绿白色，近无梗，簇生，组成穗状花序或顶生的圆锥花序。荚果扁薄，斜椭圆形或斜长圆形；种子1~3颗，扁卵形或长圆形，褐棕色，光滑。花期6~7月，果期7~10月。
生态特性： 喜光，耐瘠薄。
观赏价值及应用： 叶和果实有观赏价值。可作为公园绿化树种。

豆科　Leguminosae

PLANT 005　紫荆　*Cercis chinensis*　紫荆属

形态特征： 落叶乔木或灌木。单叶互生，全缘，叶脉掌状。花为假蝶形花冠，粉红色，在老干上簇生或成总状花序，先叶或与叶同时开放。荚果扁平，狭长椭圆形。花期4~5月。

生态特性： 喜光，有一定的耐寒性。喜肥沃、排水良好的土壤，不耐水淹。萌蘖性强，耐修剪。

观赏价值及应用： 通常呈丛生状，早春季节先于叶开花，花量繁多，紧贴枝干，花团锦簇。是观花、观叶、观干俱佳的园林花木，适合栽种于庭院、公园、广场、草坪、街头游园、道路绿化带等处。可作为绿篱或丛植观赏。

175

豆科　Leguminosae

PLANT 006　巨紫荆　*Cercis glabra*　紫荆属

别名： 湖北紫荆。

形态特征： 落叶乔木。高可达16m，树皮和小枝灰黑色。单叶互生，心形或三角状圆形。总状花序短，有花数朵；花淡紫红色或粉红色，先于叶或与叶同时开放。荚果狭长圆形，紫红色，种子近圆形。3~4月开花；9~11月结果。

生态特性： 分布于我国中部地区山地疏林或密林中，或山谷、路边。耐瘠薄，适应性较强。

观赏价值及应用： 树形高大笔直，树冠宽阔，先开花后长叶，开花时满树紫红或粉红色，尤为壮观。是观花、观干、观叶的优良树种。可作为公园绿地、城市街道和庭院绿化树种。

豆科　Leguminosae

PLANT 007　鱼鳔槐　*Colutea arborescens*　鱼鳔槐属

形态特征： 落叶灌木。高1~4m。羽状复叶互生，小叶7~13，长圆形至倒卵形。总状花序，花冠鲜黄色。荚果长卵形，绿色或近基部稍带红色；种子黑色至绿褐色。花期5~7月，果期7~10月。

生态特性： 性强健，适应性强。喜光照充足的环境。

观赏价值及应用： 花金黄色，先叶开花，荚果肿胀，可用于庭院绿化观赏树种，丛植或列植。

豆科　Leguminosae

PLANT 008　槐树　*Sophora japonica*　槐属

别名： 槐。

形态特征： 落叶乔木。高15~25m，树皮暗灰色，小枝绿色，皮孔明显。羽状复叶；小叶9~15。花白色，蝶形花冠，形成顶生圆锥花序。荚果肉质，串珠状；种子1~6颗，肾形。花期7~9月，果期10月。

生态特性： 耐寒耐旱，喜光，稍耐阴，不耐湿，在低洼积水处生长不良，深根性，对土壤要求不严，较耐瘠薄，在石灰及轻度盐碱地上能正常生长。在湿润、肥沃、深厚、排水良好的砂质土壤上生长最佳。耐烟尘。寿命长。对二氧化硫、氯气、氯化氢等有害气体和烟尘的抗性强。

观赏价值及应用： 树干端直、冠大荫浓，是我国北方城市绿化的优良行道树。可孤植或列植。

豆科　Leguminosae

PLANT 009　龙爪槐　*Sophora japonica* var. *pendula*　槐属

形态特征： 通常为低矮乔木，为国槐的变型。与国槐的主要区别为粗大枝条斜向上生长，小枝下垂，其他特征相似。通常以国槐为砧木，通过枝接繁育。

生态特性： 原产我国，河北各地有栽培。喜光，稍耐阴。能适应干冷气候。喜生于土层深厚、湿润肥沃、排水良好的砂质壤土。深根性，根系发达，抗风力强，萌芽力亦强，寿命长。对二氧化硫、氟化氢、氯气等有毒气体及烟尘有一定抗性。

观赏价值及应用： 落叶乔木、树冠呈伞状，树姿优美，小枝弯曲下垂，花芳香。喜光、稍耐阴、耐旱。通常栽植于园林绿地出入口、建筑物前、庭院、草坪边缘及园路旁，是优美的绿化和观赏树种。

豆科 Leguminosae

PLANT 010 五叶槐　　*Sophora japonica* f. *oligophylla*　槐属

别名： 蝴蝶槐。

形态特征： 乔木。高达25m；树皮灰褐色，当年生枝绿色。羽状复叶，小叶1~2对，簇生于叶轴先端成掌状。花黄绿色，蝶形花冠，形成顶生圆锥花序。荚果串珠状，具种子1~6粒；种子卵球形，淡黄绿色，干后黑褐色。花期7~8月，果期8~10月。

生态特性： 耐寒，耐干旱，耐烟尘，耐瘠薄，喜阳光，对二氧化硫、氯气等有较强的抗性。喜深厚肥沃而排水良好的砂质壤土，在石灰性、酸性及轻盐碱土上均可正常生长。

观赏价值及应用： 五叶槐是槐的变型，其小叶簇生于叶柄先端，宛如一群蝴蝶栖息于树枝之上，具有较高的观赏性。宜孤植或丛植于草坪和安静的公园或庭院绿地。

豆科　Leguminosae

金枝槐　*Sophora japonica* 'Winter Gold'　槐属

形态特征： 槐的栽培品种。乔木。高可达20m；树冠圆球形或倒卵形，树皮灰褐色，具纵裂纹。一年生枝条秋季逐渐变成黄色、深黄色，2年生的树体呈金黄色，树皮光滑。羽状复叶，小叶椭圆形。锥状花序顶生，花黄色。荚果念珠状，种子间缢缩不明显，果皮肉质，成熟后不开裂；种子椭圆形。5~8月开花，8~10月结果。

生态特性： 耐旱、耐寒力较强，对土壤要求不严格，在腐殖质肥沃的土壤上生长良好。主侧根系发达，耐水渍。

观赏价值及应用： 金枝槐树冠开张，树姿苍劲挺拔，枝端金黄色，冬季观赏效果极佳。是公路、校园、庭院、公园、机关单位等绿化的优良品种，具有较高的观赏价值。适于孤植、丛植，可与垂柳、桃树等花木搭配。

豆科　Leguminosae

PLANT 012　金叶国槐
Sophora japonica 'Golden Leaves'

槐属

别名： 金叶槐。

形态特征： 国槐的栽培变种。落叶乔木。树冠呈伞形。奇数羽状复叶，每个复叶有17~21小叶，小叶卵形，全缘。春季萌发的新叶及后期长出的新叶，在生长期的前4个月均为金黄色，在生长后期及树冠下部见光少的老叶呈淡绿色。

生态特性： 适应性强，在全国大部分地区均可栽培。

观赏价值及应用： 整个生长季大部分时间叶色金黄娇艳，远观如满树黄花盛开，十分醒目美观，具有较高的观赏价值，可作园林孤植造景和行道树。

豆科　Leguminosae

PLANT 013　刺槐　*Robinia pseudoacacia*　刺槐属

形态特征： 落叶乔木。高10~20m。树皮灰黑褐色，纵裂；枝具托叶刺，小枝灰褐色。奇数羽状复叶，互生，具9~19小叶。总状花序腋生，比叶短；花白色，芳香，蝶形花冠。荚果扁平，条形，含3~10粒种子。花果期5~9月。

生态特性： 喜光、喜温暖湿润气候，对土壤要求不严，适应性很强。不耐水湿。

观赏价值及应用： 刺槐树冠高大，叶色鲜绿，每当开花季节绿白相映，素雅而芳香。可作为行道树、庭荫树。

豆科　Leguminosae

PLANT 014　毛刺槐　*Robinia hispida*　刺槐属

别名： 红花刺槐。

形态特征： 为刺槐的变型。落叶乔木。树高达25m；枝具托叶刺。羽状复叶互生。总状花序下垂，花冠粉红色。果条状长圆形，腹缝有窄翅。4~5月开花；9~10月结果。

生态特性： 原产于北美洲。中国引种栽培。浅根性树种，喜光，不耐庇荫。喜温暖湿润气候，不耐寒冷。喜湿润环境，不耐水湿，有一定抗旱能力，但在严重干旱环境往往枯梢。

观赏价值及应用： 毛刺槐无刺，花粉红色，具有较高观赏性。可作为公园及庭院绿化。抗风性差。

豆科　Leguminosae

PLANT 015　香花槐　*Robinia pseudoacacia* 'Idaho'　刺槐属

形态特征： 刺槐的栽培变种。落叶乔木。株高可达12m。羽状复叶，叶椭圆形至长圆形。总状花序，花被红色，有浓郁芳香。

生态特性： 原产西班牙，1992年引入我国。喜温暖、阳光充足、通风良好的环境，耐寒、耐干旱贫瘠、耐盐碱，土壤适应性强，主侧根系发达，萌生性强，生长快。

观赏价值及应用： 香花槐枝叶繁茂，树冠开阔，花繁鲜艳，花期长，可作为公园、庭院、街道、花坛等园林绿化树种。

豆科　Leguminosae

PLANT 016　红花锦鸡儿　*Caragana rosea*　锦鸡儿属

别名： 金雀儿。

形态特征： 灌木。高达1m。树皮绿褐色或灰褐色，具托叶刺。叶假掌状，小叶4。花单生，蝶形，花萼管状，常紫红色，花冠黄色。荚果圆筒形，长3~6cm。花期4~6月，果期6~7月。

生态特性： 耐寒，耐干旱贫瘠，在土壤和水分条件较好的环境生长良好。

观赏价值及应用： 花冠蝶形，黄色带红，形似金雀，园林中可丛植于草地或配植于坡地、山石旁，或作地被植物。

豆科　Leguminosae

PLANT 017　树锦鸡儿　*Caragana arborescens*　锦鸡儿属

形态特征： 小乔木或大灌木。高2~6m；老枝深灰色，平滑，小枝有棱，幼时绿色或黄褐色。小叶长圆状倒卵形。花梗2~5簇生，每梗1花，关节在上部，苞片小，刚毛状；花萼钟状，花冠黄色，旗瓣菱状宽卵形，龙骨瓣较旗瓣稍短，瓣柄较瓣片略短，耳钝或略呈三角形；子房无毛或被短柔毛。荚果圆筒形，无毛。花期5~6月，果期8~9月。

生态特性： 性喜光，亦较耐阴，耐寒性强，在-50℃的低温环境下可安全越冬，耐干旱瘠薄，对土壤要求不严，在轻度盐碱土中能正常生长，忌积水，长期积水易造成苗木死亡。

观赏价值及应用： 枝叶秀丽，花色鲜艳，在园林绿化中可孤植、丛植于路旁、坡地或假山石旁，也可作绿篱材料和用来制作盆景。

豆科 Leguminosae

PLANT 018 葛 *Pueraria lobata* 葛属

别名：葛藤。

形态特征：落叶木质藤本。长可达8m，全体被黄色长硬毛，茎基部有粗厚的块状根。羽状三出复叶。总状花序腋生；花紫色。荚果长椭圆形，扁平，被褐色长硬毛。花期8~10月，果期9~11月。

生态特性：耐寒、耐旱，耐干旱贫瘠土壤，适应性较强，在土层深厚、疏松、富含腐殖质的砂质壤土生长良好。

观赏价值及应用：生长迅速、适应性强，具有较强攀爬能力，可作为棚架庭荫植物、地被绿化植物应用。

豆科　Leguminosae

PLANT 019　紫藤　*Wisteria sinensis*　紫藤属

形态特征： 落叶木质藤本，茎左旋。奇数羽状复叶互生，小叶3~6对，卵状椭圆形至卵状披针形。总状花序侧生下垂，蝶形花冠紫色或深紫色。荚果倒披针形；种子褐色，圆形，扁平。花期4~5月，果期5~8月。

生态特性： 喜温暖，耐寒性稍差，耐干旱贫瘠土壤，在湿润、肥沃、排水良好的土壤上生长良好，过度潮湿易烂根。

观赏价值及应用： 高大攀缘植物，开花时花量大，色彩鲜艳，可用于棚架、门廊、枯树、假山石、墙面的绿化材料，也可修剪成灌木状植于草坪、溪水边、假山石旁。

豆科　Leguminosae

PLANT 020　白花藤萝　*Wisteria venusta*　紫藤属

形态特征： 落叶藤本。长度可达10m。嫩枝密被黄色平伏柔毛，后渐脱落。奇数羽状复叶长18~35cm。总状花序生于枝端，下垂。荚果倒披针形，扁平，密被黄色绒毛。花期4月下旬，果期6~8月。

生态特性： 对土壤要求不严，以湿润、肥沃、排水良好的土壤生长最好。

观赏价值及应用： 高大攀缘植物，可用于棚架、假山石、墙面的绿化材料，也可修剪成灌木状植于草坪、溪水边、假山石旁。

豆科　Leguminosae

PLANT 021　胡枝子　*Lespedeza bicolor*　胡枝子属

形态特征： 落叶灌木。高1~3m，多分枝。三出复叶，互生，小叶卵形或卵状长圆形。总状花序腋生，常形成大型、较疏松的圆锥花序；花红紫色，蝶形花冠。荚果斜倒卵形。花期7~9月，果期9~10月。

生态特性： 耐寒、耐瘠薄、耐酸、耐盐碱、耐刈割，对土壤适应性强，在瘠薄的新开垦地上可以生长，适于壤土和腐殖土。

观赏价值及应用： 花红色，具有一定观赏价值，枝叶繁茂、根系发达，可作为园林绿化中的护坡植物。

豆科 Leguminosae

PLANT 022 杭子梢　*Campylotropis macrocarpa*　杭子梢属

形态特征： 落叶灌木。高1~2.5m。嫩枝上密生白色短柔毛。三出羽状复叶；托叶线状披针形；顶端小叶椭圆形，两侧小叶较顶端叶小。总状花序腋生，或由总状花序组成顶生圆锥花序；花为三角状弯镰形或半月形；萼筒钟状，萼齿5；花冠紫色。荚果斜椭圆形，含种子1粒，不开裂。花期8~9月、果期9~10月。

生态特性： 耐寒、耐旱，稍耐阴，耐瘠薄，对土壤适应性较强。

观赏价值及应用： 花紫红色，枝叶繁茂、根系发达，可作为园林绿化中的护坡树种。

豆科　Leguminosae

PLANT 023　花木蓝　*Indigofera kirilowii*　木蓝属

别名： 吉氏木蓝。

形态特征： 幼枝、小枝两面、叶轴和花序轴均密被白色丁字毛。小叶宽卵圆形，长可达3.5cm；先端具小尖，小叶柄长约2mm。花序与复叶近等长，两性花，腋生总状花序，花淡紫红色，长约1.5cm。荚果圆筒形，长3.5~7cm。花期6~7月，果熟8~9月。

生态特性： 为强阳性树种，喜光，抗寒，耐干燥瘠薄，适应性广，栽培不择土壤。

观赏价值及应用： 枝叶茂密，羽状复叶，初夏开花，花色淡红，极为美丽，在园林绿化中可作为点缀树种穿插于乔木树种之间，增添景色。

豆科　Leguminosae

PLANT 024　紫穗槐　*Amorpha fruticosa*　紫穗槐属

形态特征： 落叶灌木。高1~4m，嫩枝有柔毛，老枝上无毛，褐色。奇数羽状复叶；小叶9~25，椭圆形或披针状椭圆形，先端圆形或稍凹，有小尖头，基部圆形或宽楔形，全缘，具透明腺点。花蓝紫色，呈顶生圆锥状总状花序。荚果扁，微弯曲，含1粒种子，不开裂，果皮上有腺点，长约8mm。花期5~6月，果期8~10月。

生态特性： 喜干冷气候，在华北地区生长最好。耐寒性强，耐干旱能力也很强。也具有一定的耐淹能力。要求光线充足。对土壤要求不严。

观赏价值及应用： 紫穗槐虽为灌木，但枝条直立匀称，可以经整形培植为直立单株，树形美观，是美化环境、绿化荒山的优良树种。

芸香科　Rutaceae

PLANT 001　臭檀　*Evodia daniellii*　吴茱萸属

别名： 臭檀吴萸。
形态特征： 落叶乔木。高8~15m。奇数羽状复叶，对生；小叶5~11，长圆形或卵形。聚伞状圆锥花序顶生，花密集，小形，白色。蓇葖果，紫红色或红褐色，果瓣4~5，内有种子2粒。花期6月，果期9~10月。
生态特性： 喜光，耐盐碱，深根性，喜湿润肥沃土壤。
观赏价值及应用： 枝叶浓密，可作为园林绿化树种或庭荫树种、观赏树种。

芸香科　Rutaceae

PLANT 002　枳　*Poncirus trifoliata*　枳橘属

别名： 枸橘。

形态特征： 落叶灌木或小乔木。高1~5m，树冠伞形或圆头形。枝绿色，具腋生粗大枝刺，红褐色，基部扁平。掌状三出复叶，叶柄有狭翅。花单生或成对腋生，先叶开放，花瓣白色。柑果近圆球形，果皮暗黄色。花期5~6月，果期8~10月。

生态特性： 喜光、喜温暖环境，适生于光照充足处。也较耐寒，怕积水，喜微酸性土壤，中性土壤也生长良好。

观赏价值及应用： 小枝绿色，具粗大枝刺，叶具叶轴翅，叶形奇特，花芳香，是很好的园林观赏树种，可孤植、丛植。

芸香科　Rutaceae

PLANT 003　花椒　*Zanthoxylum bungeanum*　花椒属

形态特征：落叶小乔木；高3~7m。枝干上生有粗大向上的皮刺，早落。奇数羽状复叶，小叶5~13，卵形至椭圆形，叶轴常有甚狭窄的叶翼。圆锥花序顶生或生侧枝之顶，花黄绿色。果紫红色，种子黑色。花期4~5月，果期8~9月。

生态特性：耐旱，喜光，对土壤要求不严，适应性强。

观赏价值及应用：全株具香气，果实成熟时红色或黄红色，硕果累累，可孤植作为园林观赏树种。

栽植表现：雄安新区多有栽植，表现良好。

芸香科　Rutaceae

PLANT 004　黄檗　*Phellodendron amurense*　黄檗属

形态特征： 落叶乔木。高10~20m。成年树的树皮具有厚木栓层，树皮浅灰色或灰褐色，深沟状或不规则网状开裂，内皮薄，鲜黄色。奇数羽状复叶对生，小叶5~13，卵状披针形或卵形。花序顶生，花瓣紫绿色。核果圆球形，蓝黑色。花期5~6月，果期9~10月。

生态特性： 适应性强，喜光，耐寒，宜在土壤深厚湿润环境种植。

观赏价值及应用： 树姿优美，树皮具木栓质，是园林绿化观赏树种。可孤植或片植于园林绿地和庭院。

栽植表现： 雄安新区少量栽植，表现良好。

芸香科　Rutaceae

PLANT 005　三叶椒　*Ptelea trifoliata*　三叶椒属

形态特征： 落叶小乔木，高达8m。树皮褐色，光滑。掌状复叶互生，小叶多3枚，卵形至椭圆状短圆形。伞房花序生于侧枝顶端，花绿白色。翅果广椭圆形至圆形。花期6月，果期9月。

生态特性： 喜光，耐寒。

观赏价值及应用： 秋季叶色变黄，可栽植于公园、庭园，作为观赏树种或用于风景林配植。

199

苦木科　Simarubaceae

PLANT 001　**臭椿**　*Ailanthus altissima*　臭椿属

形态特征： 落叶乔木。树冠扁球形或伞形。树皮灰白色或灰黑色，平滑，稍有浅裂纹。小枝粗壮，叶痕大，倒卵形。奇数羽状复叶，互生，有臭味。雌雄同株或雌雄异株；圆锥花序顶生，花白绿色。翅果，淡黄褐色。花期4~5月，果期8~10月。

生态特性： 喜光，不耐阴。适应性强，除黏土外，中性、酸性及钙质土都能生长。耐干旱及盐碱，耐寒，耐旱，不耐水湿，长期积水会烂根死亡。对烟尘与二氧化硫的抗性较强，有害生物较少。

观赏价值及应用： 树干通直高大，春季嫩叶紫红色，秋季黄果满树，是优良的观赏树和行道树。可孤植、丛植，适宜厂区、矿区等绿化。因适应性强、萌蘖力强，适于山地绿化，也是盐碱地绿化的优良树种。

苦木科 Simarubaceae

PLANT 002 红果臭椿
Ailanthus altissima var. *erythrocarpa*

臭椿属

形态特征： 落叶乔木，是臭椿变种之一。主根明显，侧根发达。茎坚实直立，树高达20m左右。树冠稀疏，侧枝少。奇数羽状复叶，互生，叶子幼嫩时深红色，后变为绿色。圆锥花序顶生，花为杂性或单性异株问。翅果扁平，纺锤形，幼果6月开始变红，直至果实成熟前颜色都是鲜艳的红色。花期5月，果期6~9月。

生态特性： 适应性、抗逆性强，生长速度快。

观赏价值及应用： 树干通直，复叶繁密，夏秋季红果鲜艳，叶果俱佳，具有很高的观赏价值。可用于行道树、公园景区的观赏树、家庭院落的绿荫树及工矿区的绿化树。

201

苦木科 Simarubaceae

PLANT 003 千头椿 *Ailanthus altissima* 'Qiantou'　　臭椿属

形态特征： 臭椿栽培品种。落叶乔木。高达30m，树冠漏斗状、卵状或近球形，分枝多，无明显的主干。奇数羽状复叶互生，小叶13~25枚，卵状披针形至椭圆状披针形。花淡黄色，单性，无雌蕊，圆锥花序顶生。翅果扁平，褐黄色，成熟前稍带红晕。花期4~5月，果期8~10月。

生态特性： 喜光，耐寒，耐瘠薄，耐中度盐碱，不耐阴，不耐水湿。肉质根，长期积水会烂根致死，在土层深厚、排水良好而又肥沃的土壤中生长良好。抗风沙，深根性，萌蘖力强。

观赏价值及应用： 树冠如半球状，叶大荫浓，秋季红果满树，树姿优美，抗逆性强，具有极高的观赏价值和广泛的园林用途，可在园林绿化及庭院绿地中配置，如孤植、列植、丛植或与其他彩色树种搭配。也可作庭荫树、观赏树或行道树，是工矿区绿化的良好树种。

楝科 Meliaceae

PLANT 001 苦楝 *Melia azedarach* 楝属

别名： 楝树。

形态特征： 落叶乔木。高可达10m；树皮灰褐色。叶互生，二至三回奇数羽状复叶，小叶卵形、椭圆形至披针形。圆锥花序，花芳香；花淡紫色。核果球形至椭圆形。花期4~5月，果期9~11月。

生态特性： 喜温暖湿润气候，耐寒性差，耐碱，耐瘠薄。适应性较强。以土层深厚、疏松肥沃、排水良好、富含腐殖质的砂质壤土栽培为宜。耐烟尘，抗二氧化硫能力强，并能杀菌。

观赏价值及应用： 树形优美，花淡紫色，香味浓郁；适宜作庭荫树和行道树，是良好的城市及矿区绿化树种。在草坪中孤植、丛植或配置于建筑物旁都很合适，也可种植于水边、假山石、墙角等处。

栽植表现： 雄安新区有栽植，冻害严重。

203

楝科　Meliaceae

PLANT 002　香椿　*Toona sinensis*　　香椿属

形态特征： 落叶乔木。高10m左右，树皮粗糙，深褐色，片状脱落。偶数羽状复叶互生，小叶16~20，对生或互生，卵状披针形或卵状长椭圆形。圆锥花序多花；花瓣白色。蒴果狭椭圆形，深褐色。花期6~8月，果期10~12月。

生态特性： 喜温，喜光，较耐湿，适宜生长于河边、宅院周围肥沃湿润的土壤中，一般以砂壤土为好。

观赏价值及应用： 生长快，春季萌生叶红色，具有香气，可作为园林绿化树种或庭荫树种、观赏树种。

栽植表现： 雄安新区多有栽植，表现良好。

大戟科　Euphorbiaceae

PLANT 001　一叶萩　*Securinega suffruticosa*　一叶萩属

别名： 叶底珠。

形态特征： 小灌木。高1~3m。多分枝，枝细，无毛。叶互生，椭圆形、长圆形或卵状长圆形。花小，单性，雌雄异株，无花瓣。蒴果三棱状扁球形，红褐色，3浅裂；种子半圆形，褐色，具3棱。花期6~7月，果期8~9月。

生态特性： 喜半阴环境，对土壤要求不严，以肥沃疏松土壤为好。

观赏价值及应用： 一叶萩在秋季叶色金黄，即使在疏林下也不会影响它的叶色。可作为下木应用于城市园林中。

205

大戟科　Euphorbiaceae

PLANT 002　雀儿舌头　*Leptopus chinensis*　雀儿舌头属

形态特征： 小灌木。株高1m，多分枝。叶卵形至披针形，先端尖，基部圆形，全缘，两面无毛或下面近基部有时具毛。花小，单性，雌雄同株，单生或2~4朵簇生于叶腋；萼片5，基部合生。蒴果，球形或扁球形。花期4~6月，果期5~8月。

生态特性： 喜光、耐阴、耐干旱，适应能力较强，可适应于土层瘠薄环境。

观赏价值及应用： 可种植在公园及庭院的乔木下、建筑物旁及水池边。

漆树科　Anacardiaceae

PLANT 001　黄连木　*Pistacia chinensis*　黄连木属

形态特征： 落叶乔木。高10~20m，树冠近圆球形；老树皮方块状剥落。通常为偶数羽状复叶，互生，小叶10~14枚。圆锥花序，雌雄异株，无花瓣，雄花序淡绿色，雌花序紫红色。核果卵圆形，成熟时蓝紫色。花期3~4月，先叶开放；果9~11月成熟。

生态特性： 喜光，幼时稍耐阴；喜温暖，畏严寒；耐干旱瘠薄，对土壤要求不严，微酸性、中性和微碱性的砂质、黏质土均能适应，以肥沃、湿润而排水良好的石灰岩山地生长最好。抗风力强；对二氧化硫、氯化氢和煤烟的抗性较强。

观赏价值及应用： 树冠浑圆，枝叶繁茂而秀丽，早春嫩叶红色，入秋叶又变成深红色或橙黄色。可作庭荫树、行道树及风景树。在园林中植于草坪、坡地或于假山石、亭阁旁配植。

漆树科　Anacardiaceae

PLANT 002　盐肤木　*Rhus chinensis*　盐肤木属

形态特征： 落叶灌木或小乔木。高2~10m。奇数羽状复叶，互生，总叶柄基部膨大，叶轴及叶柄常具有翅；小叶7~13，纸质，卵形至长圆形。圆锥花序顶生，密被锈色柔毛；花小，黄白色。核果近圆形，红色，有灰白色短柔毛。花期8~9月，果期10月。

生态特性： 喜光、喜温暖湿润气候。适应性强，耐寒。对土壤要求不严，在酸性、中性及石灰性土壤乃至干旱瘠薄的土壤上均能生长。根系发达，根萌蘖性很强，生长快。

观赏价值及应用： 枝叶浓密，可作为园林绿化树种栽植于水岸边缘地带或坡地。

漆树科　Anacardiaceae

PLANT 003　火炬树　*Rhus typhina*　盐肤木属

形态特征： 落叶灌木或小乔木。高2~10m。小枝密生灰色茸毛。奇数羽状复叶，互生，小叶19~23枚，长椭圆状至披针形。圆锥花序顶生，密生茸毛，花淡绿色，雌花花柱有红色刺毛。核果深红色，密生茸毛，花柱宿存，果穗密集成火炬形。花期6~7月，果期8~9月。

生态特性： 喜光。耐寒，对土壤适应性强，耐干旱瘠薄，耐水湿，耐盐碱。根系发达，萌蘖性强，4年内可萌发30~50株。浅根性，生长快，寿命短。

观赏价值及应用： 树形美观，果穗红色似火炬。尤其是在深秋季节，其叶色金红，远望景色十分壮观，具有较高的观赏价值。可作为道路两侧、厂区、居民区、学校、水库、旅游地等绿化的风景树种，是美化环境、绿化荒山的优良树种之一。

漆树科　Anacardiaceae

PLANT 004　毛黄栌　*Cotinus coggygria* var. *cinerea*　黄栌属

别名： 红叶。

形态特征： 灌木。高 3~5m。叶倒卵形或卵圆形，长 3~8cm，宽 2.5~6cm，先端圆形或微凹，基部圆形或阔楔形，全缘，两面或尤其叶背显著被灰色柔毛，侧脉 6~11 对，先端常叉开。圆锥花序被柔毛；花杂性，径约 3mm；花瓣卵形或卵状披针形，无毛；雄蕊 5，长约 1.5mm，花药卵形，与花丝等长，花盘 5 裂，紫褐色。果肾形，无毛。花期 4~5 月。

生态特性： 喜光，也耐半阴；耐寒，耐干旱瘠薄和碱性土壤，但不耐水湿。以深厚、肥沃而排水良好的砂壤土生长最好。对二氧化硫有较强抗性。

观赏价值及应用： 树冠浑圆，树姿优美，茎、叶、果都有较高的观赏价值，特别是深秋叶片经霜变红时，色彩鲜艳、美丽壮观，是园林绿化的主要秋色叶树种，可单纯成林，或与其他彩叶树种混交成林。也可在居住区绿地以及庭园中孤植或丛植于草坪一隅、假山石之侧、常绿树树丛前。

漆树科　Anacardiaceae

PLANT 005 美国红栌
Continus coggyria 'Royal Purple'

黄栌属

形态特征： 落叶灌木或小乔木。树冠浑圆。叶片紫红色。花期5月。

生态特性： 喜光，耐寒，对土壤要求不严，耐干旱贫瘠或碱性土壤，但不耐水湿，低洼积水处易导致烂根死亡，以深厚、肥沃而排水良好的砂质壤土生长最好。抗空气污染能力强，对二氧化硫有较强的抗性，对氯化物则较敏感。

观赏价值及应用： 美国红栌叶片较普通黄栌大，叶色为鲜红色或深红色，其枝条下部叶夏季变绿，但树冠主体呈红色并贯穿整个生长季。夏季开花，顶端花序絮状鲜红，观之如烟似雾，美不胜收。可用于庭院绿化。

漆树科　Anacardiaceae

PLANT 006　漆树　*Toxicodendron vernicifluum*　漆树属

形态特征： 落叶乔木。高达20m，树皮灰白色，粗糙。奇数羽状复叶，互生，小叶4~6对，小叶卵形或卵状椭圆形或长圆形，全缘。圆锥花序腋生，花黄绿色。核果肾形或椭圆形，果皮黄色。花期5~6月，果期7~10月。

生态特性： 耐寒，以肥沃湿润的土壤上生长最好。

观赏价值及应用： 树干韧皮部可割取生漆，可作为一般观赏树种。枝叶有毒，应小心避免触摸。

槭树科　Aceraceae

PLANT 001　三角槭　*Acer buergerianum*　槭属

别名： 三角枫。

形态特征： 落叶乔木。高5~10m。树皮褐色或深褐色。单叶对生，叶椭圆形或倒卵形，通常3浅裂。顶生伞房花序，花多数，花瓣5，淡黄色。翅果黄褐色，具翅小坚果张开成锐角或近于直立。花期4月，果期8月。

生态特性： 弱阳性树种，稍耐阴。喜温暖、湿润环境及中性至酸性土壤。耐寒，较耐水湿，萌芽力强，耐修剪。树系发达，根蘖性强。

观赏价值及应用： 枝叶浓密，夏季浓荫覆地，入秋叶色变成暗红。宜孤植、丛植作庭荫树，也可作行道树及护岸树。适于在湖岸、河边、草坪配植，或点缀于亭廊、假山石间。

槭树科　Aceraceae

PLANT 002　五角槭　*Acer mono*　槭树属

别名：五角枫。

形态特征：落叶乔木。高 15~20m。叶基部心形或浅心形，通常 5 裂。花黄绿色。翅果极扁平，两翅开展成钝角或近水平，翅长为小坚果的 2 倍。花期 4~5 月，果熟期 8~9 月。

生态特性：温带树种，弱度喜光，稍耐阴，喜温凉湿润气候，对土壤要求不严，在中性、酸性及石灰性土壤中均能生长，但以土层深厚、肥沃及湿润之地生长最好，黄黏土上生长较差。生长速度中等，深根性，抗风力强。

观赏价值及应用：花叶同放，树姿优美，叶色多变，秋叶变亮黄色或红色，是城乡优良的绿化树种。适宜作庭荫树、行道树及风景林树种。

槭树科　Aceraceae

PLANT 003　元宝槭　*Acer truncatum*　槭树属

别名： 元宝枫。

形态特征： 落叶小乔木。树皮灰黄色，浅纵裂，小枝灰黄色，光滑无毛。叶掌状5裂，叶基通常截形，稀心形。花杂性，黄绿色，多呈顶生伞房花序。翅果为扁平，两果翅展开略成直角，果翅与坚果长近相等。花期4~5月，果熟期8~9月。

生态特性： 耐阴，喜温凉湿润气候，耐寒性强；较抗风，不耐干热和强烈日晒。对土壤要求不严，在酸性土、中性土及石灰性土中均能生长，但以湿润、肥沃、土层深厚的土中生长最好。对二氧化硫、氟化氢的抗性较强，吸附粉尘的能力亦较强。

观赏价值及应用： 树姿优美，叶形秀丽，嫩叶红色，秋季叶又变成黄色或红色，为著名秋季观叶树种。可作行道树和公园、庭园观赏树木。

槭树科 Aceraceae

PLANT 004 复叶槭 *Acer negundo* 槭树属

形态特征：落叶乔木。高可达20m。树冠分枝宽阔，多少下垂。奇数羽状复叶，对生，小叶3~7，黄绿色。花单性，雌雄异株，黄绿色，无花瓣及花盘，雄蕊4~6，子房无毛。果翅狭长，两翅成锐角或近于直角。花期4~5月，果期8~9月。

生态特性：适应性强，喜光、耐寒、耐旱。喜生于湿润肥沃土壤，稍耐水湿，但在较干旱的土壤上也能生长。

观赏价值及应用：枝叶茂密，入秋后叶色金黄，颇美观，可作庭荫树、行道树及防护林树种。对有害气体抗性强，亦可作防污染绿化树种。

槭树科　Aceraceae

PLANT 005　金叶复叶槭　*Acer negundo* 'Aurea'　槭属

形态特征： 复叶槭栽培变种。与复叶槭区别在于本变种春季叶色金黄，颜色鲜艳，秋季叶色变红。

生态特性： 喜光，较耐寒、耐旱，生长能力极强，对土壤要求不高，贫瘠土壤也能生长，在腐殖质肥沃且排水良好的砂壤土生长最好。

观赏价值及应用： 春季叶色金黄醒目，色彩别具一格，姿态优美，可作为行道树、庭荫树和绿地观赏树种。

槭树科 Aceraceae

PLANT 006

花叶复叶槭
Acer negundo 'Variegatum'

槭属

形态特征： 复叶槭栽培变种。与复叶槭区别在于本变种萌生小叶呈黄、白或粉红色，成熟叶呈现黄白色与绿色相间的斑驳状杂色。

生态特性： 喜光，较耐寒、耐旱，对土壤要求不高，适应能力较强。

观赏价值及应用： 叶色黄绿相杂，可作为园林绿化观赏树种。

槭树科　Aceraceae

PLANT 007　血皮槭　*Acer griseum*　槭属

形态特征： 落叶乔木。高10~20m。树皮赤褐色，常呈纸状薄片脱落。当年生枝淡紫色，密被淡黄色长柔毛，多年生枝深紫色或深褐色。复叶有3小叶；小叶卵形、椭圆形或长圆状椭圆形，先端钝尖。聚伞花序有长柔毛，常仅有3花；花淡黄色，杂性，萼片5，花瓣5。小坚果黄褐色，凸起，果翅张开近于锐角或直角。花期4月，果期9月。

生态特性： 喜温凉湿润气候，在阴坡、半阴坡及水湿沟谷地带生长良好。

观赏价值及应用： 树皮色彩奇特，观赏价值极高。秋季叶色变为黄色、橘黄色至红色。落叶晚，是槭树类中最优秀的树种之一，可作为庭园主景树。

槭树科　Aceraceae

PLANT 008　三花槭　*Acer triflorum*　槭属

形态特征： 落叶乔木。高20~25m。树皮褐色，常呈薄片脱落。三出复叶，对生，小叶长圆状卵形或长圆状披针形，先端锐尖，边缘在中段以上有2~3个粗的钝锯齿。花序伞房状，具3花。小坚果近球形，果翅张开成锐角或近于直角。花期4月，果期9月。

生态特性： 稍耐阴，耐寒，喜湿润土壤；不耐旱，适应性广。

观赏价值及应用： 秋叶红艳，是优良的彩叶树种，可用于孤植、列植。

栽植表现： 在雄安地区适应性较差。

槭树科　Aceraceae

PLANT 009　青榨槭　*Acer davidii*　　槭属

形态特征： 落叶乔木。高10~20m。树皮黑褐色或灰褐色，常纵裂成蛇皮状。叶卵状长圆形或长圆形，边缘有不整齐重锯齿。花黄绿色，呈下垂的总状花序。翅果，翅展开成钝角或几成水平。花期4~5月，果期9~10月。

生态特性： 耐低温、耐瘠薄，喜温凉湿润环境。

观赏价值及应用： 幼树树干绿色，树皮颜色独特，树叶深绿色，观赏价值较高。秋季叶色变为黄色、橘黄色至红色。可作为庭园观赏树种孤植，或与其他树种混植。

槭树科 Aceraceae

青楷槭 *Acer tegmentosum* 槭属

PLANT 010

形态特征： 落叶乔木。高达15m。老树树皮灰色，平滑，有浅裂纹，中年树树皮浅绿色，有白色浅裂条纹，当年生小枝绿色。单叶对生，叶圆形或卵形，叶缘5浅裂。顶生或侧生总状花序，花淡黄色。翅果，翅张开角度呈近锐角或近水平。花期4月，果期9月。

生态特性： 喜阴，不喜全光和强光，耐寒，不耐贫瘠，不耐干旱，喜湿润地带。多生于背阴环境。

观赏价值及应用： 幼树树干绿色，树皮颜色独特，树叶深绿色，观赏价值较高。秋季叶色变为黄色、橘黄色至红色。集赏干、赏枝、赏叶、赏果于一体，可丛植、群植或与其他树种搭配栽植。

槭树科　Aceraceae

PLANT 011　茶条槭　*Acer ginnala*　槭属

形态特征： 落叶灌木或小乔木。一般高2~5m。单叶对生，叶卵状椭圆形，常羽状3~5深裂，中裂片较大。花杂性，伞房花序圆锥状，顶生。果核两面突起，果翅张开成锐角或近于平行，紫红色。花期5~6月，果期9月。

生态特性： 阳性树种，耐阴，耐寒，喜湿润土壤，耐旱，耐瘠薄，抗性强，适应性广。常多生长于河岸、向阳山坡、湿草地，散生或形成丛林。

观赏价值及应用： 树干直，夏季果翅红色美丽，秋叶鲜红，翅果成熟前也红艳可观，是较好的秋色叶树种，也是良好的庭园观赏树种，可栽作绿篱及小型行道树，也可丛植、群植、盆栽。

槭树科　Aceraceae

PLANT 012　挪威槭　*Acer platanoides*　槭属

形态特征： 落叶乔木。高9~12m。树冠卵圆形，枝条粗壮。单叶对生，叶片5浅裂，秋季叶色变为金黄、橙红、酱紫、紫红等色。早春开花，花黄绿色，伞状花序。翅果张开近平行。花期4月。

生态特性： 喜光照充足。在干燥地区种植，需进行深浇水。较耐寒，能忍受干燥的气候条件。喜肥沃、排水良好的土壤。

观赏价值及应用： 良好的园林景观植物，树干挺拔，枝叶浓密，冠如华盖，浓荫覆地，入秋叶色按品种不同呈现不同颜色。可栽种在公园、街头广场、别墅庭院、道路两旁，也可在湖畔、溪边或草坪上种植。

槭树科　Aceraceae

PLANT 013　红花槭　*Acer rubrum*　槭属

别名： 美国红枫。

形态特征： 大型乔木。树高可达30m；树冠椭圆形或圆形。茎干光滑无毛，有皮孔。叶掌状裂，叶背面灰绿色。花簇生，红色或淡黄色，小而繁密，先叶开放。果实为翅果，红色，长2.5~5cm。

生态特性： 耐寒性强，不耐湿热；较耐寒，喜温暖湿润的气候环境，耐旱怕涝，稍喜光，适宜种植于酸性土壤。

观赏价值及应用： 树干通直、高大、新叶及花红色，秋叶亮红色，落叶晚，极为绚丽，是世界著名的秋色叶树种，适于庭院、公园造景，也可用作行道树。因引进雄安新区时间较短，建议暂不大量应用。

无患子科　Sapindaceae

PLANT 001　栾树　*Koelreuteria paniculata*　栾属

形态特征： 落叶乔木。高达10m，树冠近圆球形，树皮灰褐色；小枝无顶芽，皮孔明显。奇数羽状复叶互生，小叶羽状深裂或有锯齿。顶生大型圆锥花序，花小，金黄色。蒴果三角状卵形，顶端尖，红褐色或橘红色。花期6~7月，果期9~10月。

生态特性： 喜光，稍耐半阴；耐寒；耐干旱和瘠薄，适应性强，喜欢生长于石灰质土壤中，耐盐渍及短期水涝。深根性，萌蘖力强，生长速度中等，有较强抗烟尘能力。

观赏价值及应用： 树形端正，枝叶茂密而秀丽，春季嫩叶多为红叶，夏季黄花满树，入秋叶色变黄，果实紫红，形似灯笼，十分美丽。宜作庭荫树、行道树及园林景观树。

无患子科　Sapindaceae

PLANT 002

黄山栾树

Koelreuteria bipinnata var. *integrifoliola*

栾属

形态特征： 落叶乔木。高达20m。二回羽状复叶互生，小叶全缘或一侧近顶部边缘有锯齿。顶生大型圆锥花序，花黄色。蒴果肿胀，边缘有3片膜质薄翅。花期7~9月，果期9~10月。

生态特性： 喜光，不耐严寒，耐干旱和瘠薄，喜土层深厚、略带酸性的环境，有较强抗烟尘能力。

观赏价值及应用： 树形端正，春季嫩叶红色，夏季开花满树金黄，秋季鲜红果实形似灯笼，可作庭荫树、行道树及园林景观树。耐寒性差，雄安新区适于楼宇间栽植。

无患子科　Sapindaceae

PLANT 003　文冠果　*Xanthoceras sorbifolia*　文冠果属

形态特征： 落叶小乔木或灌木。高可达8m。树皮灰褐色，粗糙条裂；小枝幼时紫褐色，有毛，后脱落。奇数羽状复叶互生，小叶9~19。圆锥花序，花杂性，整齐，花瓣白色，基部略带红色或黄色。蒴果椭圆形，具有木质厚壁。花期4~5月，果熟期8~9月。

生态特性： 喜光，也耐半阴；耐严寒和干旱，不耐涝；对土壤要求不严，在沙荒、砾石地、黏土及轻盐碱土上均能生长，但以肥沃、深厚、疏松、湿润而通气良好的土壤生长较好。深根性，主根发达，萌蘖力强。

观赏价值及应用： 花序大而花朵密，春天白花满树，花期长，是优良的观赏树种及木本油料树种，在园林中多配置于草坪、路边、假山旁边或建筑前。

七叶树科 Hippocastanaceae

PLANT 001 七叶树 *Aesculus chinensis* 七叶树属

形态特征： 落叶乔木。高达25m，树皮深褐色或灰褐色，小枝圆柱形，黄褐色或灰褐色。掌状复叶对生，由5~7小叶组成。聚伞圆锥花序顶生，花序圆筒形，花杂性，雄花与两性花同株；花瓣4，白色。果实球形或倒卵圆形。花期5月，果期10月。

生态特性： 喜光，稍耐阴；喜温暖气候，也能耐寒；喜深厚、肥沃、湿润而排水良好的土壤。深根性，萌芽力强；生长速度中等偏慢，寿命长。七叶树在炎热的夏季叶子易遭日灼。

观赏价值及应用： 树形优美、花序大而秀丽，果形奇特，是观叶、观花、观果不可多得的树种，为世界著名的观赏树种之一。可作行道树、庭荫树。

栽植表现： 雄安新区多有栽植，表现良好。

229

七叶树科　Hippocastanaceae

PLANT 002

红花七叶树

Aesculus carnea 'Briotii'

七叶树属

形态特征： 落叶乔木。高达12m，树冠圆形。树皮灰褐色，片状剥落。小叶通常7枚，倒卵状长椭圆形。花红色。果球形或倒卵形，红褐色。花期5月，果期9~10月。

生态特性： 喜光、耐阴、耐寒，适应城市环境，抗风性强，喜排水良好的土壤。

观赏价值及应用： 株形高大，春季新叶叶色殷红如血。花期红色圆锥形花序缀满树冠，景象十分壮观，是深受喜爱的园林绿化树种。适用于人行步道、公园、广场绿化，可孤植或成行栽植。

七叶树科　Hippocastanaceae

PLANT 003　欧洲七叶树
Aesculus hippocastanum

七叶树属

形态特征： 落叶乔木。高25~30m。小枝幼时有棕色长柔毛，后脱落。冬芽卵圆形。小叶5~7枚，无柄，倒卵状长椭圆形至倒卵形，长10~25cm，叶边缘为不整齐重锯齿。花直径约2cm，花瓣4或5，淡玫瑰红色，顶生圆锥花序。蒴果近球形，果皮有刺。花期5~6月，果期9月。

生态特性： 喜光，稍耐阴，耐寒，喜深厚、肥沃而排水良好的土壤。

观赏价值及应用： 世界四大行道树之一，树体高大雄伟，树冠宽阔，绿荫浓密，花序美丽，可作为行道树及庭院观赏树。

卫矛科　Celastraceae

PLANT 001　丝棉木　*Euonymus maackii*　卫矛属

别名： 白杜卫矛。

形态特征： 小乔木。高2~6m。叶对生，卵形、阔卵形、椭圆形或阔菱形；叶柄细长。花8至多朵组成二歧聚伞花序，花白绿色，花萼、花瓣均为4，花盘肥厚近圆形；子房下部与花盘合生，4室，每室2胚珠。蒴果倒卵心状，上部4浅裂，熟时粉红色；种子每室1~2，圆卵状，淡棕色，假种皮红色，全包种子。花期5~6月，果期9~10月。

生态特性： 喜光、耐寒、耐旱、稍耐阴，也耐水湿，对土壤要求不严。深根性，根萌蘖力强，生长较慢。

观赏价值及应用： 树姿优美，红果密集，树叶在秋季由浅红渐变为深红，甚至到初冬依然不落，是园林绿地的优美观赏树种。可作为庭荫树和行道树栽植，也可丛生应用。

栽植表现： 雄安新区大量栽植，表现良好。

卫矛科　Celastraceae

PLANT 002　大叶黄杨　*Euonymus japonicus*　卫矛属

别名：冬青。

形态特征：常绿灌木或小乔木。高 1~3m，小枝略为四棱形，枝叶密生。单叶对生，倒卵形或椭圆形，边缘具钝齿，表面深绿色，有光泽。聚伞花序腋生，具长梗，花绿白色。蒴果球形，淡红色，假种皮橘红色。

常见变种：'金边'大叶黄杨，叶缘金黄色；'银边'大叶黄杨，叶心具金黄色斑点，均为重要观叶树种。

生态特性：喜温暖湿润气候，耐寒性较差。喜肥沃疏松的土壤，极耐修剪整形。耐干旱瘠薄，生长快，寿命长，对烟尘及有害气体有很强的抗性。

观赏价值及应用：叶色光亮，嫩叶鲜绿，极耐修剪，为庭院中常见绿篱树种，也可修剪成球形配置于绿地，或与其他灌木修剪成各种模纹绿篱造型。

栽植表现：雄安新区多有栽植，易发生冻害。

233

卫矛科 Celastraceae

PLANT 003 金边大叶黄杨
Euonymus japonicus 'Aureo-marginatus'

卫矛属

形态特征： 大叶卫矛栽培品种。灌木。高可达3~5m；小枝四棱形，具细微皱突。叶革质，表面深绿色，边缘金黄色。聚伞花序有5~12花，花白绿色。蒴果近球状，淡红色；种子椭圆状，假种皮橘红色，全包种子。花期6~7月，果期9~10月。

生态特性： 性喜光，略耐阴。适应性极强，耐旱、耐寒，萌芽力和发枝力较强，耐修剪、耐瘠薄，但适宜生长在肥沃湿润的酸性土壤中。

观赏价值及应用： 叶片呈翠绿和金黄相间，极耐修剪，可孤植观赏，或作绿篱，也可用于模纹花坛、灌木球以及各种图案造型。

卫矛科　Celastraceae

PLANT 004　银边大叶黄杨
Euonymus japonicus 'Albo-marginatus'

卫矛属

形态特征： 大叶卫矛栽培品种。灌木。高可达3m；小枝四棱形。叶革质，倒卵形或椭圆形，叶表面深绿色，边缘白色或黄白色。聚伞花序有5~12花，花白绿色。蒴果近球状，假种皮橘红色，全包种子。花期6~7月，果期9~10月。

生态特性、观赏价值及应用： 同金边大叶黄杨。

235

卫矛科　Celastraceae

PLANT 005　北海道黄杨
Euonymus japonicas 'Beihaidao'

卫矛属

别名： 日本冬青。

形态特征： 大叶黄杨的栽培变种。常绿阔叶灌木。高可达3m；小枝四棱形。叶革质，有光泽，倒卵形或椭圆形，边缘具有浅细钝齿。聚伞花序有5~12花，花白绿色。蒴果近球状，淡红色；每室1粒种子，假种皮橘红色，全包种子。花期6~7月，果期9~10月。

生态特性： 喜光，较耐阴，适应肥沃、疏松、湿润地，酸性土、中性土或微碱性土均能适应；生长速度较快，年高生长量可达170cm。寿命长，萌生性强，较耐修剪；具有耐寒、抗旱、抗病虫性强的特性。

观赏价值及应用： 树姿优美，四季常绿，秋季成熟果实开裂，露出红色假种皮，绿叶托红果，令人赏心悦目，极具观赏价值。可用于草坪、建筑物前孤植或作绿篱。

栽植表现： 雄安新区少量栽植，易发生冻害。

卫矛科 Celastraceae

PLANT 006 卫矛 *Euonymus alatus* 卫矛属

形态特征： 灌木。高1~3m；小枝绿色，常具2~4列红褐色宽阔木栓翅。单叶对生，叶卵状椭圆形，边缘具细锯齿，两面光滑无毛。聚伞花序1~3花，花白绿色，4数；萼片半圆形；花瓣近圆形。蒴果1~4深裂，种子椭圆状或阔椭圆状，种皮褐色或浅棕色，假种皮橙红色，全包种子。花期5~6月，果期7~10月。

生态特性： 喜光，也稍耐阴；适应性强，能耐干旱、瘠薄和寒冷，在中性、酸性及石灰性土上均能生长。萌芽力强，耐修剪，对二氧化硫有较强抗性。

观赏特性及应用： 枝条栓翅奇特，春季初发嫩叶及秋叶红艳。园林绿化中可孤植或丛植于草坪、水边，也可在假山石间、亭廊边配植，或作为绿篱、盆栽、盆景用。

栽植表现： 雄安新区少量栽植，表现良好。

237

卫矛科　Celastraceae

PLANT 007　胶州卫矛　*Euonymus kiautshovicus*　卫矛属

形态特征： 直立或蔓性半常绿灌木。高3~8m；小枝圆形。叶片近革质，长圆形、宽倒卵形或椭圆形，顶端渐尖，基部楔形，边缘有粗锯齿。聚伞花序；花淡绿色。蒴果扁球形，粉红色；种子包有黄红色的假种皮。花期8~9月，果期9~10月。

生态特性： 阳性树种，喜温耐寒，对土壤要求不严，适应性强，耐寒、抗旱，极耐修剪整形。

观赏价值及应用： 是园林中用作绿篱、绿球、绿床、绿色模块、模纹造型等平面绿化的首选常绿树种。适用于庭院、甬道、建筑物周围，也可用于主干道绿带。

栽植表现： 雄安新区少量栽植，表现良好。

扶芳藤 *Euonymus fortunei*

卫矛科 Celastraceae　卫矛属

形态特征： 常绿攀缘藤本。高1至数米；小枝四棱不明显。叶椭圆形、长方椭圆形或长倒卵形，薄革质，边缘锯齿不明显。聚伞花序，花白绿色。蒴果粉红色，近球状，种子长椭圆状，棕褐色。花期6~7月，果期10月。

生态特性： 性喜温暖、湿润环境，喜阳光，亦耐阴。对土壤适应性强，酸性、碱性及中性土壤均能正常生长。

观赏价值及应用： 生长旺盛，终年常绿，是庭院中常见地面覆盖植物。夏季黄绿相间，秋冬季叶色艳红，是园林绿化的优良植物。

卫矛科　Celastraceae

金丝吊蝴蝶

Euonymus schensianus

卫矛属

形态特征： 落叶小乔木。高2m，枝条稍带灰红色。单叶对生，披针形或窄长卵形，先端急尖或短渐尖，边缘有纤毛状细齿。花序细长悬垂，多数集生于小枝顶部，形成多花状，每个聚伞花序具一细柔长梗，长4~6cm，在花梗顶端有5分枝。蒴果方形或扁圆形，4翅长方形；种子黑色或棕褐色，全部被橘黄色假种皮包围。花期5月，果期6~10月。

生态特性： 喜光，稍耐阴，耐干旱，也耐水湿。对土壤要求不严，喜欢肥沃、湿润而排水良好的土壤，易于栽培，是优良的观果树种。

观赏价值及应用： 园林中可作庭院观赏树种，孤植或制作树桩盆景，具有很高的观赏价值。

卫矛科 Celastraceae

PLANT 010 南蛇藤 *Celastrus orbiculatus* 南蛇藤属

别名： 南蛇风。

形态特征： 落叶攀缘藤本。长度可达10余米，小枝光滑无毛，灰棕色或棕褐色；冬芽卵形至卵圆形。叶倒卵状阔椭圆形、近圆形或长椭圆形。聚伞花序腋生，花黄绿色。蒴果球状；种子椭圆形，假种皮鲜红色。花期5~6月，果期7~10月。

生态特性： 性喜阳耐阴，抗寒耐旱，对土壤要求不严。适宜栽植于背风向阳、湿润而排水好的肥沃砂质壤土中。

观赏价值及应用： 木质攀缘藤本，叶形变化大，秋季叶色变黄或变红，果实开裂露出鲜红色假种皮，观赏价值高，可作为棚架、墙垣的攀缘绿化材料，也是良好的蜜源植物。

省沽油科　Staphyleaceae

PLANT 001　**省沽油**　*Staphylea bumalda*　省沽油属

形态特征： 落叶灌木。高2~3m。树皮灰褐色，有纵棱；枝条开展。三出复叶对生，有长柄。圆锥花序顶生，直立，花白色；萼片长椭圆形。蒴果膀胱状，扁平，2室，先端2裂；种子黄色，有光泽。花期4~5月，果期8~9月。

生态特性： 喜光、稍耐阴，喜肥水，在土壤肥沃的环境中生长良好。

观赏价值及应用： 观叶、观花兼观果，叶形美观，顶生圆锥花序淡雅，果形奇特。可种植于公园、路旁等地。

黄杨科 Buxaceae

PLANT 001 黄杨 *Buxus sinica* 黄杨属

别名： 小叶黄杨。

形态特征： 常绿灌木或小乔木。高1~6m。树干灰白色，分枝密集，枝四棱形。叶对生，革质，全缘，椭圆或倒卵形，先端圆或微凹，表面亮绿色，背面黄绿色。花簇生叶腋或枝端，黄绿色，无花瓣，有香气。蒴果卵圆形。花期4~5月，果期8~9月。

生态特性： 性喜温暖、半阴及湿润气候，耐旱、耐寒、耐修剪，浅根性，生长慢，寿命长。喜肥沃湿润、排水良好的土壤。

观赏价值及应用： 树姿优美，枝叶茂密，叶光亮，常绿树种，可作绿篱布景，也是制作盆景的珍贵树种。

黄杨科 Buxaceae

PLANT 002 朝鲜黄杨　*Buxus sinica* var. *koreana*　黄杨属

形态特征： 常绿阔叶小乔木或灌木。高1~2m，皮灰褐色，小枝淡绿色，四棱形。叶交互对生，长0.8~2cm，宽0.5~1cm，卵圆形、倒卵形或长圆状卵形。花单性，雌雄同株，序腋生，花密集，浅黄色。蒴果近球形。花期4月，果期7~8月。

生态特性： 原产日本和朝鲜。性喜光，稍耐阴，喜温暖气候和湿润肥沃的土壤。可耐-35℃的低温。

观赏价值及应用： 良好的盆景和绿篱树种，可修剪造型，供造园观赏。

鼠李科　Rhamnaceae

PLANT 001　枣　*Ziziphus jujuba*　　枣属

形态特征： 落叶小乔木，稀灌木。高达10m，树皮褐色或灰褐色，枝条上具皮刺。单叶互生，托叶常呈刺状，后期常脱落。花黄绿色，两性，单生或密集成腋生聚伞花序。核果矩圆形或长卵圆形，成熟后红色或红紫色。花期6~7月，果期8~9月。

生态特性： 喜温、耐旱，耐涝性较强，喜光，对土壤适应性强，耐贫瘠、耐盐碱。

观赏价值及应用： 枝干劲拔，翠叶垂荫，果实累累。可在庭园、路旁、园林绿地散植或成片栽植，其老根古干可作树桩盆景。

鼠李科　Rhamnaceae

PLANT 002　龙枣　*Ziziphus jujuba* var. *tortuosa*　枣属

形态特征： 枣的变种，与枣的形态区别主要在于龙枣小枝常扭曲上伸，无刺，核果较小，直径5mm。

生态特性： 与枣相同。
观赏价值及应用： 与枣相同。

鼠李科　Rhamnaceae

PLANT 003 酸枣　*Ziziphus jujuba* var. *spinosa*　枣属

形态特征： 灌木或小乔木。株高1~9m，枝条上常具皮刺，小枝弯曲呈"之"字形，紫褐色，被柔毛，后变无毛。叶互生，椭圆形、卵形或卵状披针形。花小，黄绿色，两性，5数。核果，近球形。花期6~7月，果期8~10月。

生态特性： 喜光，耐寒、耐旱，对土壤要求不严。

观赏价值及应用： 小枝具棘刺，果实秋冬季变红，宿存，可种植为绿篱。

鼠李科 Rhamnaceae

PLANT 004 北枳椇 *Hovenia dulcis* 枳椇属

别名： 拐枣。

形态特征： 乔木。高达10m。叶互生，纸质，卵形或卵圆形，离基三出脉。花黄绿色，排列成不对称的顶生、稀腋生的聚伞圆锥花序；花黄绿色，5数。浆果状核果近球形，成熟时黑色；花序轴结果时肥厚扭曲，肉质，红褐色。花期6~7月，果期8~10月。

生态特性： 适应环境能力较强，喜光，也耐阴，抗旱，耐寒，耐较瘠薄土壤。

观赏价值及应用： 树姿优美，枝叶繁茂，叶大荫浓，果梗虬曲，形状奇特，是绿化的理想树种，可作城市园林绿地中的喜阴花木及草坪遮阴树。

葡萄科　Vitaceae

PLANT 001　葡萄　*Vitis vinifera*　葡萄属

形态特征： 落叶木质藤本。茎粗壮，新枝每节生1卷须或花序，小枝圆柱形，有纵棱纹。单叶互生，叶卵圆形。圆锥花序密集或疏散，花小，黄绿色，5基数。浆果球形或椭圆形。花期5月，果期8~9月。

生态特性： 喜光、喜温暖，在各种土壤均能栽培，以壤土及细砂质壤土为最好。

观赏价值及应用： 攀缘藤本，叶大浓密，夏秋时节果实累累，具有很高的观赏性，园林绿化中可作为遮阴的棚架植物或观果植物。

栽植表现： 雄安新区大量栽植，表现良好。

249

葡萄科　Vitaceae

PLANT 002　山葡萄　*Vitis amurensis*　葡萄属

形态特征： 落叶木质藤本。叶互生，卷须与叶对生，叶阔卵圆形。圆锥花序与叶对生，花瓣黄绿色，顶端黏合。浆果球形，成熟时黑色。花期5~6月，果期8~9月。

生态特性： 喜光、喜温暖，耐旱怕涝，对土壤要求不严，以排水良好、土层深厚的土壤为最佳。

观赏价值及应用： 攀缘藤本，叶大浓密，果实可食，园林绿化中可作为棚架植物或观果植物。

葡萄科 Vitaceae

葎叶蛇葡萄
Ampelopsis humulifolia

PLANT 003

蛇葡萄属

形态特征： 落叶木质攀缘藤木。长3~4m。茎干有棱，卷须先端2分枝，与叶对生。叶心状卵形或肾状五角形，多3裂至近中部或超过中部，少数浅裂或不分裂。聚伞花序与叶对生，花小，花瓣5，绿黄色。浆果球形，淡黄色或深蓝色；含种子2~4粒，种皮坚硬。花期5~6月，果期5~9月。

生态特性： 稍耐阴，耐寒、耐旱，喜土层深厚的砂质土或壤土。

观赏价值及应用： 木质攀缘藤本，果实蓝绿色，似葡萄，可在园林绿地中用于半阴坡或疏林灌丛下栽植，供观赏也可用作棚架遮阴植物。

葡萄科　Vitaceae

五叶地锦
Parthenocissus quinquefolia

PLANT 004

爬山虎属

形态特征：落叶木质攀缘藤本。具分枝卷须，与叶对生，卷须顶端有吸盘。掌状复叶，具5小叶，小叶长椭圆形至倒长卵形。聚伞花序，常生于短枝顶端两叶之间。花小，黄绿色，5基数。浆果球形，蓝黑色，被白粉。花期6~7月，果期9~10月。

生态特性：性耐寒，喜阴湿，在雨季，蔓上易出现气生根。在水分充足的向阳处也能迅速生长。对土壤适应性很强。对二氧化硫等有害气体有较强的抗性。

观赏价值及应用：茎蔓纵横，密布气根，翠叶遮盖如屏，秋后入冬叶色变红或黄，十分艳丽。是垂直绿化主要树种之一。适于配植宅院墙壁、围墙、庭园入口、桥头等处。

栽植表现：雄安新区大量栽植，表现良好。

葡萄科　Vitaceae

PLANT 005　爬山虎　*Parthenocissus tricuspidata*　爬山虎属

形态特征：落叶木质藤本。分枝多，卷须短，具气生根。叶互生、广卵形，3裂。聚伞花序，花黄绿色，两性或杂性，5基数。浆果球形，蓝色。花期6~7月，果期9~10月。

生态特性：适应性强，既喜阳光，也能耐阴，对土质要求不严，在肥沃或贫瘠、微酸性或碱性土上均能生长。

观赏价值及应用：枝繁叶茂，夏日苍翠欲滴，覆满墙壁；入秋红叶斑斓。主要用于园林和城市垂直绿化，若使其攀缘附于岩石或墙壁上，则可增添无限生机。也可植于住宅、办公楼等建筑的墙壁、围墙以及园林中建筑小品附近。

栽植表现：雄安新区少量栽植，表现良好。

椴树科　Tiliaceae

PLANT 001　蒙椴　*Tilia mongolica*　椴树属

形态特征： 落叶乔木。高10m左右。树皮淡灰色，有不规则薄片状脱落；嫩枝无毛，顶芽卵形，无毛。叶阔卵形或圆形，叶基截形或心形，叶缘具不整齐粗齿。聚伞花序，花序柄无毛。果实倒卵形，被毛，有棱或有不明显的棱。花期6月，果期8~9月。

生态特性： 喜光，耐寒性强，喜冷凉湿润气候及肥厚湿润土壤，在微酸性、中性和石灰性土壤上均生长良好。

观赏价值与应用： 树形优美，叶片光亮，花冠秀美，浓郁芳香，观赏效果好。宜孤植于庭院、园林绿地观赏，也可列植作行道树应用。

椴树科　Tiliaceae

PLANT 002　糠椴　*Tilia mandshurica*　椴树属

形态特征： 落叶乔木。高达20m，树冠广卵形。树皮暗灰色，有浅纵裂。当年生枝黄绿色，密生灰白色星状毛。叶互生，近圆形或阔卵形。聚伞花序，下垂，花7~12朵，黄色。核果球形，外被黄褐色绒毛。花期5~6月，果期8~9月。

生态特性： 喜光、较耐阴，喜凉爽湿润气候和深厚、肥沃而排水良好的中性和微酸性土壤。耐寒，抗逆性较差，在干旱瘠薄土壤中生长不良，夏季干旱易落叶，不耐盐碱土壤，不耐烟尘污染。

观赏价值及应用： 树形美观，花开满树，芳香宜人，花序基部具有黄白色大型舌状苞片，观赏价值高，是优良的蜜源树种。宜孤植于庭院、园林绿地作庭荫树观赏，也可列植作行道树应用。

栽植表现： 雄安新区少量栽植，表现较差。

255

椴树科　Tiliaceae

PLANT 003　紫椴　*Tilia amurensis*　　椴树属

形态特征： 落叶乔木。高达15m，树皮暗灰色，片状脱落；嫩枝初时有白丝毛。叶阔卵形或卵圆形，边缘有锯齿，先端急尖或渐尖。聚伞花序纤细，无毛，有花3~20朵；苞片狭带形。果实卵圆形，被星状茸毛，有棱或棱不明显。花期6月，果期9月。

生态特性： 喜肥、喜排水良好的湿润土壤，多生长在山的中下部，土壤为砂质壤土或壤土，尤其在土层深厚、排水良好的砂壤土上生长最好。

观赏价值与应用： 树形美观，花序奇特，可作行道树或庭荫树。

椴树科　Tiliaceae

扁担杆　*Grewia bioloba*

PLANT 004

扁担杆属

别名： 孩儿拳头。

形态特征： 落叶小乔木或灌木。多分枝；嫩枝被粗毛。叶薄革质，椭圆形或倒卵状椭圆形，先端锐尖，基部楔形或圆形，边缘有细锯齿。聚伞花序腋生，多花，萼片狭长圆形，花瓣短小，雌雄蕊具短柄，柱头扩大，盘状，有浅裂。核果橙红色，无毛，花期5~7月。

生态特性： 中性树种，喜光，稍耐阴。对土壤要求不严。在肥沃、排水良好的土壤中生长旺盛。耐寒，耐干旱，耐修剪，耐瘠薄，适合生长于丘陵或低山、路旁、草地的灌丛或疏林中。

观赏价值与应用： 果实橙红艳丽且悬挂枝梢长达数月之久，为良好的观果树种。园林中可丛植，或与假山石配植；也可植为果篱。

锦葵科 Malvaceae

PLANT 001 木槿 *Hibiscus syriacus*　　　　木槿属

形态特征： 落叶灌木。高2~4m，小枝密被黄色星状茸毛。单叶互生，菱状卵形，具深浅不同的3裂或不裂。夏秋季开花，花单生于叶腋，具短梗，单瓣或重瓣，有紫红、粉红、白等色，朝开暮闭。蒴果卵圆形，种子成熟时为黑褐色。花期7~10月。

生态特性： 喜光，耐寒，能耐半阴。对土壤要求不高，较耐瘠薄，能在黏重或碱性土壤中生长。

观赏价值及应用： 树姿优美，枝繁叶茂，开花时满树花朵，花色丰富，娇艳夺目，花期长达3个月，是夏、秋季节的重要观花灌木。宜孤植、丛植点缀庭院，也可列植用作花篱、绿篱。

栽植表现： 雄安新区大量栽植，表现良好。

梧桐科　Sterculiaceae

PLANT 001　梧桐　*Firmiana simplex*　梧桐属

别名： 青桐。

形态特征： 落叶乔木。高达15~20m，干皮青绿光滑，老时浅纵裂，小枝粗壮，绿色。单叶互生，叶心形，3~5掌状分裂。圆锥花序顶生，花单性或杂性同株，黄绿色。蓇葖果，具柄，果皮薄革质，果实成熟之前心皮先行开裂，裂瓣呈舟形；种子球形，棕黄色，具皱纹。花期6月，果熟9~10月。

生态特性： 喜光，稍耐阴；耐严寒，耐干旱瘠薄。喜温暖湿润气候和深厚肥沃砂质壤土。深根性，生长快速，萌芽力弱，不耐修剪，不耐盐碱和水涝。

观赏价值及应用： 干形端直，干皮光绿，叶大荫浓，清爽宜人，为著名的观干树种。宜栽植于庭前、屋后作庭荫树，也可列植于道路两旁作行道树。

栽植表现： 雄安新区零星栽植，表现良好。

胡颓子科　Elaeagnaceae

PLANT 001　牛奶子　*Elaeagnus umbellate*　胡颓子属

形态特征： 落叶灌木。高1~4m，枝条具刺，幼枝密被银白色鳞片，老枝鳞片脱落。叶椭圆形至卵状椭圆形或倒卵状披针形，下面密被银白色鳞片。花先叶开放，黄白色，芳香，单生或成对生于叶腋。果实球形或卵圆形，幼时绿色，成熟时红色。花期5月，果期7~8月。

生态特性： 喜光，稍耐阴，耐寒性强，对土壤要求不严，在湿润、肥沃、排水良好的土壤中生长良好，耐修剪。

观赏价值及应用： 观赏植物，枝叶具银白色鳞片而有闪光性，花芳香，入秋红果累累悬挂枝头，极富观赏性，可配植于花丛或林缘，也可作为绿篱。

胡颓子科　Elaeagnaceae

PLANT 002　沙枣　*Elaeagnus angustifolia*　胡颓子属

别名：桂香柳。

形态特征：落叶灌木或乔木。树皮栗褐色至红褐色，树干常弯曲，嫩枝、叶、花果均被银白色鳞片及星状毛。叶披针形，全缘，上面银灰绿色，下面银白色。花小，银白色，芳香。果实长圆状椭圆形，果皮早期银白色，后期呈黄褐色或红褐色。花期5~6月，果期7~9月。

生态特性：抗旱、抗风沙、耐贫瘠、耐盐碱。侧根发达，在疏松的土壤中可生出很多根瘤，改良土壤。侧枝萌发力强，顶芽长势弱。枝条茂密，常形成稠密株丛。枝条被沙埋后，易生长不定根，有防风固沙作用。

观赏价值及应用：沙枣花开时节香味极浓。叶色银白，在园林绿化中可作为观赏植物。

胡颓子科　Elaeagnaceae

PLANT 003　沙棘　*Hippophae rhamnoides*　沙棘属

形态特征： 落叶灌木或乔木。通常高2m以下，在高山沟谷中可达10m。棘刺较多，粗壮，顶生或侧生；嫩枝褐绿色，密被银白色而带褐色鳞片，老枝灰黑色，粗糙。单叶对生，叶表面被白色盾形毛或星状柔毛，背面银白色或淡白色。果实圆球形，直径4~6mm，橙黄色或橘红色；种子黑色或紫黑色。花期4~5月，果期9~10月。

生态特性： 喜光，耐寒，耐酷热，耐风沙及干旱气候。对土壤适应性强。

观赏价值及应用： 果实成熟时红色，晶莹剔透，在枝头可宿存至冬季，落雪后尤为美观。果实在园林绿化中可供观赏，也可作为鸟类食物来源。

大风子科　Flacourtiaceae

PLANT 001　毛叶山桐子
Idesia polycarpa var. *vestita*

山桐子属

形态特征： 落叶乔木。高8~21m；树冠长圆形，当年生枝条紫绿色。单叶互生，叶薄革质或厚纸质，宽心形，叶下面有密的柔毛，无白粉而为棕灰色，脉腋无丛毛；叶柄有短毛。顶生下垂的圆锥花序，花序梗及花梗有密毛；花单性，雌雄异株或杂性，黄绿色，有芳香，花瓣缺。浆果成熟期紫红色，扁圆形。花期5月，果熟期10~11月。

生态特性： 喜光树种，不耐庇荫。喜深厚、潮润、肥沃疏松土壤，在干燥和瘠薄山地生长不良。

观赏价值及应用： 花多芳香，有蜜腺，蜜源植物；树形优美，果实长序，结果累累，果色朱红，形似珍珠，可孤植、丛植作为园林观赏。

柽柳科　Tamaricaceae

PLANT 001　柽柳　*Tamarix chinensis*

柽柳属

形态特征： 落叶乔木或灌木。高3~8m；老枝深紫色或紫红色。叶钻形或卵状披针形，先端锐尖。花由春季到秋季均可开放，春季开花花序着生于去年生枝，夏秋季开花花序着生于当年生枝，圆锥花序，花5出，花瓣粉红色。蒴果圆锥形。花期5~8月。

生态特性： 喜光树种，耐高温和严寒，不耐遮阴。耐干旱和水湿，抗风，耐碱土。萌芽力强，耐修剪和刈割。

观赏价值及应用： 枝条柔弱，姿态婆娑，开花姿态美观。常作为庭园观赏树种栽植或作为绿篱用，适于水滨、池畔、桥头、河岸、堤防栽植。

千屈菜科　Lythraceae

PLANT 001　紫薇　*Lagerstroemia indica*　紫薇属

形态特征： 落叶灌木或小乔木，高可达7m。树皮易脱落，树干光滑。幼枝呈四棱形。叶互生或对生，近无柄；椭圆形、倒卵形或长椭圆形。圆锥花序顶生；花瓣6，红色或粉红色。蒴果椭圆状球形。花期6~9月，果期7~9月。

生态特性： 喜光，稍耐阴；喜温暖气候，耐寒性较差；喜肥沃、湿润而排水良好的石灰性土壤，耐旱，怕涝。萌芽性强，生长较慢，寿命长。

观赏价值及应用： 树姿优美，枝干虬曲，花多繁茂，色彩艳丽，花期较长，兼具易管理、抗有毒气体等特性，是庭院、公园、道路美化、绿化的优良树种，也是耐修剪、易蟠扎造型的盆景良材。适宜在庭院、建筑物前、池畔、路边及草坪等地栽植，或作盆景用。

栽植表现： 雄安新区大量栽植，易发生冻害。

千屈菜科　Lythraceae

··· PLANT 002 ···　银薇　*Lagerstroemia indica* f. *alba*　紫薇属

形态特征： 紫薇的变种，与紫薇的区别在于花瓣白色或微带淡紫色，叶淡绿色。花期6~9月，果期7~9月。

生态特性、观赏价值及应用： 同紫薇。
栽植表现： 雄安新区大量栽植，易发生冻害。

石榴科 Punicaceae

PLANT 001 石榴 *Punica granatum* 石榴属

形态特征： 落叶灌木或小乔木。高3~5m。树冠丛生状，树干呈灰褐色，上有瘤状突起。嫩枝有棱，多呈方形。叶对生或簇生，呈长披针形至长圆形，有短叶柄。花两性，一般1朵至数朵着生在当年新梢顶端及顶端以下的叶腋间；花有单瓣、重瓣之分；花多红色，也有白色和黄、粉红、玛瑙等色。果实为浆果，球形，黄褐色或红色。花期5~6月，果期9~10月。

生态特性： 喜光，有一定的耐寒能力，喜湿润肥沃的石灰质土壤，较耐瘠薄和干旱，怕水涝。生长强健，根际易生根蘖。

观赏价值及应用： 树姿优美，枝叶秀丽，初春嫩叶抽绿，婀娜多姿；盛夏繁花似锦，色彩鲜艳；秋季累果悬挂。可孤植或丛植于庭院、游园之角，对植于门庭之出处，列植于小道、溪流、坡地、建筑物之旁，也可做成各种桩景和插花观赏。重瓣的多难结实，以观花为主；单瓣的易结实，以观果为主。

栽植表现： 雄安新区少量栽植，易发生冻害。

石榴科　Punicaceae

PLANT 002　花石榴　*Punica granatum* var. *nana*　石榴属

形态特征： 落叶小灌木。高1~3m，树冠呈丛状自然圆头形。小枝柔韧，不易折断。叶长披针形，长1~9cm。花两性，依子房发达与否，有钟状花和筒状花之别，前者子房发达，易于受精结果，后者常凋落不结果，内种皮为角质，也有退化变软的，即软籽石榴。花期6~8月，果期9~10月。

生态特性： 喜阳光充足和干燥环境，耐干旱，不耐水涝，不耐阴，对土壤要求不严，以肥沃、疏松的砂壤土最好。

观赏价值及应用： 花石榴树姿优美，枝叶秀丽，初春嫩叶抽绿，婀娜多姿；花开五月，故有"五月榴花红似火"之句，秋季硕果红艳，是观花、观果的优良树种。可孤植、丛植于庭院绿地，或列植于小道溪旁等。

栽植表现： 雄安新区少量栽植，易发生冻害。

山茱萸科　Cornaceae

PLANT 001　毛梾　*Cornus walteri*　　梾木属

形态特征： 落叶乔木。高6~15m；树皮黑褐色，纵裂及横裂成块状；幼枝绿色，密被贴生灰白色短柔毛，老后黄绿色，无毛。叶对生，椭圆形、长椭圆形或阔卵形，侧脉4~5对，弧形。伞房状聚伞花序顶生，花白色，花萼裂片4，花瓣4。核果球形，成熟时黑色。花期5月，果期9月。

生态特性： 较喜光，喜生于半阳坡、半阴坡。深根性，根系扩展，须根发达，萌芽力强，对土壤要求不严，能在比较瘠薄的山地、沟坡、河滩及石缝里生长。土壤pH值6.3~7.5范围内生长发育正常。

观赏价值及应用： 树形优美、树干通直，可作为庭院观赏树种、行道树或庭荫树。

山茱萸科 Cornaceae

PLANT 002 · 沙梾 *Cornus bretschneideri* 梾木属

形态特征： 落叶灌木。高2~3m，树皮紫红色。叶对生，椭圆形。伞房状聚伞花序顶生；花小，白色或淡黄白色。核果长圆形。花期6月，果期7~10月。

生态特性： 稍耐阴和水湿条件，在土壤深厚、水分条件较好环境生长良好。

观赏价值及应用： 树姿优美，树干和枝条红色，园林绿化树种，适合于庭院栽植和四旁绿化用。

山茱萸科　Cornaceae

PLANT 003　红瑞木　*Cornus alba*　　梾木属

形态特征： 落叶灌木。树皮紫红色；幼枝有淡白色短柔毛，后即脱净而被蜡状白粉，老枝红白色。叶对生，纸质，椭圆形，先端突尖。伞房状聚伞花序顶生；花小，白色或淡黄白色。核果长圆形，微扁，成熟时乳白色或蓝白色。花期5~6月，果期8~10月。

生态特性： 性极耐寒、耐旱、耐修剪，喜光，喜深厚湿润但肥沃疏松的土壤。

观赏价值及应用： 秋叶鲜红，小果洁白，落叶后枝干红艳如珊瑚，是少有的观茎植物，也是良好的切枝材料。园林中多丛植草坪上或与常绿乔木相间种植，得红绿相映之效果。

山茱萸科 Cornaceae

PLANT 004 山茱萸 *Macrocarpium officinalis* 山茱萸属

形态特征： 落叶乔木或灌木。高4~10m。叶对生，卵状披针形或卵状椭圆形。伞形花序生于枝侧，有总苞片4，卵形，花小，两性，先叶开放；花瓣4，舌状披针形，黄色。核果长椭圆形，红色至紫红色。花期3~4月，果期9~10月。

生态特性： 稍耐阴，喜温凉湿润气候及半阴湿环境，较耐旱。

观赏价值及应用： 春季黄花满枝，秋季果实红润，经冬不凋，可作为园林中孤植观赏树木，或与其他树种配植，也可栽于林缘。

山茱萸科 Cornaceae

PLANT 005　灯台树　*Bothrocaryum controversum*　山茱萸属

形态特征： 落叶乔木。高6~15m。叶互生，阔椭圆状卵形或披针状椭圆形，先端突尖，基部圆形，全缘，侧脉6~7对。伞房状聚伞花序，顶生，花小，白色，花瓣4。核果球形，成熟时紫红色至蓝黑色。花期3~4月，果期9~10月。

生态特性： 喜温暖气候，耐稍阴环境，适应性强、耐寒、耐热、生长快。宜在肥沃、湿润及疏松、排水良好的土壤上生长。

观赏价值及应用： 树形美观，夏季花繁枝茂，叶形秀丽，园林绿化观赏树种，可孤植、片植或作为行道树，在雄安地区种植应选择稍耐阴湿环境。

山茱萸科　Cornaceae

PLANT 006　四照花

Dendrobenthamia kousa var. *chinensis*

四照花属

形态特征： 落叶小乔木。高5~9m。单叶对生，卵形或卵状椭圆形，叶端渐尖，叶基圆形或广楔形，弧形侧脉3~4（5）对。头状花序近球形，生于小枝顶端；花序总苞片4枚，花瓣状，乳白色。果球形，紫红色。花期5~6月，果期8~10月。

生态特性： 适应性强，耐热，稍耐寒、旱和瘠薄。在雄安地区适应性较差。

观赏价值及应用： 树形美观，初夏开花时白色苞片如满树的蝴蝶，核果红艳可爱；叶片光亮，入秋变红，可栽培于庭院、公园、路边。孤植、丛植或栽成行道树。

柿科　Ebenaceae

PLANT 001　君迁子　*Diospyros lotus*　柿属

形态特征： 落叶乔木。高达20m，树皮灰黑色或灰褐色，深裂成方块状；幼枝灰绿色，有短柔毛。单叶互生，叶片椭圆形至长圆形。花单性，雌雄异株；花淡黄色至淡红色；花萼4裂，花冠壶形。浆果近球形至椭圆形，初熟时淡黄色，后则变为蓝黑色，被白蜡质。花期5月，果期6~11月。

生态特性： 喜光，耐半阴，耐寒、耐旱，很耐湿。喜肥沃深厚土壤，对瘠薄土、中等碱性土及石灰质土有一定的忍耐力。对二氧化硫抗性强。

观赏价值及应用： 树干挺直，树冠圆形，叶密荫浓，秋果由黄转黑，落叶后仍能悬挂树上，观赏期长。宜作庭荫树、行道树。

栽植表现： 雄安新区少量栽植，易发生冻害。

柿科 Ebenaceae

PLANT 002 柿 *Diospyros kaki*   柿属

形态特征：落叶乔木。高可达22m，树冠开张，呈圆头状或钝圆锥形。树干灰褐色，呈方块状深裂。叶倒卵形、广椭圆形，光亮。花钟状，黄白色，单性、两性或雌雄同株。果实大小及形状因品种而不同，普遍呈卵形或扁圆形，果实成熟时由青色转为黄色，再变为红色。花期5月，果期6~11月。

生态特性：喜温暖湿润、阳光充足环境，有一定耐寒性，抗干旱，根系强大。对土壤要求不严格，在微酸、微碱性的土壤上均能生长。

观赏价值及应用：树冠优美，秋叶经霜变红，非常美观，是优良的观叶、观果树种。宜孤植、群植于庭院、草坪观赏，也可片植作风景林。

栽植表现：雄安新区少量栽植，易发生冻害。

木樨科　Oleaceae

PLANT 001　紫丁香　*Syringa oblata*　丁香属

形态特征： 落叶灌木或小乔木。高可达4m，枝条粗壮无毛。叶广卵形，叶基心形或楔形，全缘。圆锥花序；花萼钟状，有4齿；花冠紫色、紫红色或蓝色，花冠筒长6~8mm。蒴果长圆形，顶端尖，平滑。花期4~5月，果期5~7月。

生态特性： 喜光，稍耐阴。喜温暖湿润环境，有一定的耐寒、耐旱性。对土壤的要求不严，耐瘠薄，喜肥沃、排水良好的土壤，忌在低洼积水处种植。

观赏价值及应用： 植株丰满秀丽，枝叶茂密，且具独特的芳香，广泛栽植于庭园、机关、厂矿、居民区等地。常丛植于建筑之前及茶室凉亭周围，或散植于园路两旁、草坪之中。

栽植表现： 雄安新区大量栽植，表现良好。

木樨科　Oleaceae

PLANT 002　白丁香　*Syringa oblata* var. *alba*　丁香属

别名： 白花丁香。

形态特征： 为紫丁香的变种，主要特征为花白色。叶片较小，基部通常为截形、圆楔形至近圆形，或近心形。花期4~5月。其他形态特征与紫丁香相同。

生态特性： 喜光，稍耐阴。喜温暖、湿润环境，有一定的耐寒性和较强的耐旱力。对土壤的要求不严，耐瘠薄，喜肥沃、排水良好的土壤，忌在低洼地种植，积水会引起病害，直至全株死亡。

观赏价值及应用： 花白色，香气浓郁，可作为观赏树种栽植于庭园、居民区、园路两旁、草坪之中。

栽植表现： 雄安新区少量栽植，表现良好。

木樨科　Oleaceae

PLANT 003　红丁香　*Syringa villosa*　丁香属

形态特征： 落叶灌木。高可达3m；枝粗壮，黄褐色，具白色突起皮孔。单叶对生，叶片矩圆形、宽椭圆形至卵状椭圆形，先端突尖，基部楔形，全缘，表面深绿色，常有明显褶皱，背面浅绿色，被白粉。花序直立，长圆形或塔形，花淡紫红色或白色，有短梗。蒴果椭圆形，先端钝或稍尖，皮孔不明显，表面光滑，熟时深褐色。花期5~6月，果期8~9月。

生态特性： 喜光，喜温凉湿润环境。

观赏价值及应用： 生长强健，枝干茂密，花色美丽芳香，在雄安新区可在稍遮阴环境中种植或丛植于草坪供观赏，也可以用作鲜切花。

木樨科　Oleaceae

PLANT 004　裂叶丁香
Syringa persica var. *laciniata*　　　丁香属

形态特征： 落叶灌木。高可达2.5m；枝细长，无毛。叶大部分或全部羽状深裂（夏季新生叶常不裂）。圆锥花序侧生，花淡紫色，有香气。蒴果长卵形。花期4~5月，果期8~9月。
生态特性： 喜光，稍耐阴，喜温暖及湿润气候，也耐寒、耐旱。
观赏价值及应用： 枝条向四周伸展，枝形飘逸，叶形多变而漂亮，花紫色，芳香浓郁，花期长，落叶期迟，观赏期长，适合于庭院和园林绿地栽植。可丛植、群植和列植。

木樨科　Oleaceae

PLANT 005　巧玲花　*Syringa pubescens*　丁香属

别名： 毛叶丁香。

形态特征： 落叶灌木。高1~4m；小枝略四棱形。叶片卵形、椭圆状卵形、菱状卵形或卵圆形，先端锐尖、渐尖或钝；上面深绿色，无毛，稀有疏被短柔毛，下面淡绿色，被短柔毛、柔毛至无毛，常沿叶脉或叶脉基部密被或疏被柔毛，或为须状柔毛。圆锥花序直立；花序轴明显四棱形；花冠紫色，盛开时呈淡紫色，后渐近白色。果通常为长椭圆形。花期4~5月，果期5~8月。

生态特性： 喜光，喜温凉气候和湿润而排水良好土壤。

观赏价值及应用： 春季盛开时硕大而艳丽的花序布满全株，芳香四溢，观赏效果甚佳，是庭园栽种的著名花木。可在庭院、绿地栽植。

木樨科　Oleaceae

小叶巧玲花

Syringa pubescens subsp. *microphylla*

PLANT 006　　丁香属

别名： 小叶丁香。

形态特征： 为巧玲花亚种。落叶小灌木。高1~3m，小枝圆柱形。叶卵形，先端尖或渐尖，披针形或近圆形，背面疏被或密被短柔毛，或近无毛。花梗、花萼均紫色，花冠近圆柱形，盛开时外面呈淡紫红色，内带白色。蒴果顶端尖。花期4~5月，果期6~9月。

生态特性： 喜温凉环境。

观赏价值及应用： 栽培中每年开花两次，第一次春季，第二次8~9月，称四季丁香，花小巧玲珑，色泽艳丽，花香浓郁。可栽植于半阴坡湿润环境中观赏用。

木樨科　Oleaceae

暴马丁香
Syringa reticulata subsp. *amurensis*

丁香属

形态特征： 落叶灌木。高达10m；树皮紫灰色或灰黑色，常不开裂；枝条带紫色，有光泽。单叶对生，叶片多卵形或广卵形。圆锥花序大而稀疏，常侧生；花白色，雄蕊长度约为花冠裂片2倍。蒴果长圆形；种子周围有翅。花期5~6月，果熟期9月。

生态特性： 喜温暖湿润气候，耐严寒，对土壤要求不严，喜湿润的冲积土。

观赏价值及应用： 树姿美观，花香浓郁，是公园、庭院绿化的芳香类观赏树种。可栽植于建筑物前、绿地中，孤植或列植均可。

栽植表现： 雄安新区大量栽植，表现良好。

木樨科　Oleaceae

PLANT 008

北京丁香

Syringa reticulata subsp. *pekinensis*

丁香属

形态特征： 落叶大灌木或小乔木。高2~5（10）m；树皮褐色或灰棕色，纵裂。小枝带红褐色，细长。叶片纸质、卵形、宽卵形至近圆形，或为椭圆状卵形至卵状披针形，上面深绿色，干时略呈褐色，无毛，侧脉平或略凸起；叶柄细弱，无毛，稀被有短柔毛。花冠白色，呈辐状。果长椭圆形至披针形，光滑，皮孔稀疏。花期5~6月，果期8~10月。

生态特性： 耐寒性较强，也耐高温。对土壤要求不严，适应性强，较耐密实度高的土壤。耐干旱。

观赏价值及应用： 北京丁香为晚花丁香种类，可用作景观树和行道树。枝叶茂盛，庭园广为栽培供观赏，是北方地区园林中初夏开花的优良花木。

木樨科　Oleaceae

PLANT 009

北京黄丁香
Syringa reticulata subsp. *pekinensis* 'Jinyuan'

丁香属

别名： 金园丁香。

形态特征： 北京丁香变种。落叶灌木或小乔木。树高3~4m，干皮灰黑色。单叶对生，叶卵形至阔卵形。圆锥花序顶生，花黄色，芳香。蒴果。花期5~6月，果期7~9月。

生态特性： 喜光，稍耐阴，耐寒，耐旱，不耐积水，对土壤要求不严，喜肥，喜排水良好的疏松土壤。

观赏价值及应用： 树形丰满，高大挺拔，花色金黄，花序大，花期长且芳香，是优良的园林绿化树种，可作为庭院和公园等绿地观赏树种。

木樨科　Oleaceae

PLANT 010 佛手丁香
Syringa vulgaris 'Albo-plena'

丁香属

形态特征： 欧洲丁香栽培品种。落叶灌木，高2m。单叶对生，叶片卵形，先端渐尖。圆锥花序疏松，花白色，重瓣，具茉莉花的香味。蒴果倒卵状椭圆形、卵形至长椭圆形。花期4~5月，果期6~7月。

生态特性： 喜光，稍耐阴，耐干旱，耐寒。

观赏价值及应用： 原产东南欧。可作为庭院和公园等绿地观赏树种。

木樨科　Oleaceae

PLANT 011　迎春　*Jasminum nudiflorum*　素馨属

形态特征： 落叶灌木。高0.4~5m，枝条细长，呈拱形下垂生长，长可达2m以上。侧枝健壮，四棱形，绿色。三出复叶对生，小叶卵状椭圆形，表面光滑，全缘。花单生于叶腋间，花冠高脚杯状，鲜黄色，顶端6裂，或成复瓣。花期3月。

生态特性： 喜光，稍耐阴，略耐寒，怕涝，要求温暖而湿润的气候、疏松肥沃和排水良好的砂质土，在酸性土中生长旺盛，碱性土中生长不良。

观赏价值及应用： 枝条弯曲下垂，早春先花后叶，花色金黄，叶丛翠绿，宜配置在湖边、溪畔、桥头、墙隅、林缘、坡地。

栽植表现： 雄安新区大量栽植，表现良好。

木樨科　Oleaceae

PLANT 012　连翘　*Forsythia suspensa*　　连翘属

形态特征： 稍蔓生落叶灌木。枝直立或下垂，高可达4m。叶对生，单叶或羽状三出复叶，顶端小叶大，其余2小叶较小，卵形或长圆状卵形，先端尖，基部阔楔形或圆形。花先叶开放，1至多朵腋生，通常单生，黄色。蒴果狭卵圆形，表面散生瘤点。花期3~4月，果期7~9月。

生态特性： 喜光，有一定程度的耐阴性；喜温暖、湿润气候，也很耐寒；耐干旱瘠薄，怕涝；不择土壤，在中性、微酸性或碱性土壤均能正常生长

观赏价值及应用： 树姿优美、生长旺盛。早春先叶开花，且花期长、花量多，盛开时满枝金黄，芬芳四溢，令人赏心悦目，是早春优良的观花灌木。可用于花篱、花丛、花坛等。

栽植表现： 雄安新区大量栽植，表现良好。

木樨科　Oleaceae

PLANT 013

花叶连翘
Forsythia suspensa var. *variegata*

连翘属

　　为连翘的变种。与原变种相似，区别是本变种叶面有黄色斑点，花深黄色（原变种亮黄色）。

　　生态习性及应用与连翘相同。

木樨科　Oleaceae

PLANT 014　金叶连翘
Forsythia koreana 'Sun Gold'

连翘属

形态特征： 落叶灌木。高达4m。枝直立或伸长，小枝圆形或四棱，呈褐黄色；当年新生枝有片状髓，老枝节间髓心中空。单叶对生，卵圆形或椭圆形，有不规则2裂或3裂，叶片金黄色。花黄色，单生或簇生叶腋，先叶开放。蒴果卵圆形。花期3月，果期7~9月。

生态特性： 喜温暖和光照充足的环境，抗旱、抗寒性强，耐瘠薄，对土壤要求不严；但忌水涝，萌芽力强，耐修剪。

观赏价值及应用： 早春开花，花色金黄，生长季叶片黄色，早春观花灌木和彩叶植物。丛植、列植，可用于公园绿地、庭院等绿化观赏。

木樨科　Oleaceae

PLANT 015　金钟花　*Forsythia viridissima*　连翘属

形态特征： 落叶灌木。高可达3m。小枝绿色或黄绿色，呈四棱形，皮孔明显，具片状髓。叶长椭圆形至披针形。花1~3朵着生于叶腋，先于叶开放；花冠深黄色，花冠裂片狭长圆形至长圆形，反卷。蒴果。花期3~4月，果期8~11月。

生态特性： 喜光，耐热、耐寒、耐旱。在温暖湿润、背风向阳处生长良好。对土壤要求不严。

观赏价值及应用： 花先叶开放，金黄灿烂，是春季优良的观花植物。可丛植于草坪、墙隅、路边、树缘、院内庭前等处，也可片植。

栽植表现： 雄安新区大量栽植，表现良好。

木樨科 Oleaceae

PLANT 016 流苏 *Chionanthus retusus* 流苏树属

形态特征： 落叶乔木。高达10m。小枝灰黄色，密生茸毛。叶对生，革质，椭圆形或倒阔卵状椭圆形，全缘。雌雄异株，复聚伞花序顶生，花萼4裂，花冠4深裂，裂片线形，白色。核果椭圆形，蓝黑色。花期4~5月，果期9~10月。

生态特性： 适应性强，抗旱抗寒。喜光，也较耐阴。喜温暖气候，也颇耐寒。喜中性及微酸性土壤，耐干旱瘠薄，不耐水涝。

观赏价值及应用： 树体高大优美，枝叶茂盛，初夏满树白花，如覆霜盖雪，清丽宜人，花细小密集，花期10天左右，是优美的园林绿化树种。适宜植于建筑物四周、池畔和道旁。可作行道树、庭荫树。列植、群植都具有很好的观赏效果。

栽植表现： 雄安新区少量栽植，表现良好。

木樨科　Oleaceae

PLANT 017　白蜡　*Fraxinus chinensis*　梣属

形态特征： 落叶乔木。高达15m，树冠卵圆形，树皮黄褐色。小枝光滑无毛。奇数羽状复叶，对生，小叶5~9枚，卵圆形或卵状披针形。圆锥花序生于当年生枝顶端或侧面，花萼钟状；无花瓣。翅果扁平，披针形。花期3~5月，果期8~10月。

生态特性： 喜光，稍耐阴，喜温暖湿润气候，颇耐寒，喜湿耐涝，也耐干旱。对土壤要求不严，碱性、中性、酸性土壤中均能生长。抗烟尘，对二氧化硫、氯气、氟化氢有较强抗性。萌芽、萌蘖力均强，耐修剪，生长较快，寿命较长。

观赏价值及应用： 树体端正，树干通直，枝叶繁茂而鲜绿，秋叶橙黄，是优良的行道树和遮阴树；可用于湖岸绿化和工矿区绿化。可孤植、丛植、列植，可作行道树、庭院树等。

栽植表现： 雄安新区大量栽植，表现良好。

木樨科　Oleaceae

PLANT 018

金叶白蜡

Fraxinus chinensis 'Jinguan'

梣属

别名： 金冠白蜡。

形态特征： 落叶乔木。高 10~12m，树皮淡黄褐色。小叶 5~9 枚，卵状椭圆形，先端渐尖，基部狭，不对称，边缘有锯齿或波状齿，表面无毛。花萼钟状，无花瓣。花期 3~5 月，果期 8~10 月。

生态特性： 属于阳性树种，喜光，对土壤的适应性较强，在酸性土、中性土及钙质土上均能生长，耐轻度盐碱，喜湿润、肥沃、砂质和砂壤质土壤。

观赏价值及应用： 为白蜡树的一个栽培品种，树形优美。春季嫩叶金黄，逐渐变为黄绿色，可栽植于公园绿地、道边。孤植、丛植或列植。

栽植表现： 雄安新区少量栽植，表现良好。

木樨科　Oleaceae

PLANT 019

狭叶白蜡

Fraxinus americana 'Autumn Purple'

梣属

别名： 秋紫白蜡。

形态特征： 落叶小乔木。树冠较开张。小枝暗灰色，光滑。羽状复叶对生，小叶7~9，叶脉较突出，叶缘有稀锯齿。圆锥花序生于去年生无叶的侧枝上，花萼宿存，无花瓣。翅果长3~4cm，果实长圆筒形，翅矩圆形，狭窄不下延，顶端钝或微凹。花期4~5月，果期7~9月。

生态特性： 喜光，适生于深厚肥沃及水分条件较好的土壤上。根系深而发达，具有较强的抗寒性，对气温适应范围较广，耐干旱能力较差。

观赏价值及应用： 树干通直，树形优美，叶色10月初变为紫红色，鲜艳美丽。彩叶期可持续15天左右。是优良的庭园绿化和四旁绿化树种。

栽植表现： 雄安新区少量栽植，表现良好。

木樨科　Oleaceae

PLANT 020　小叶白蜡　*Fraxinus bungeana*　梣属

别名： 小叶梣。
形态特征： 落叶小乔木。高达5m，有时灌木状；枝暗灰色，有微柔毛。奇数羽状复叶，对生，小叶5~7枚，卵形或圆卵形。圆锥花序生于当年生枝上，微被短柔毛；花萼小，4裂，裂片尖，花瓣长，白色。翅果狭长圆形，果体扁，翅下延到基部，先端钝或微凹。花期4~5月，果期7~9月。
生态特性： 喜光，喜肥沃深厚湿润土壤，抗旱，较耐大气干旱，耐水湿。
观赏价值及应用： 春季嫩叶紫红色，夏季花白色，可作为园林绿化树种。
栽植表现： 雄安新区大量栽植，表现良好。

木樨科　Oleaceae

PLANT 021　大叶白蜡　*Fraxinus rhynchophylla*　梣属

别名： 花曲柳。

形态特征： 落叶乔木。高8~15m。树皮灰褐色，有散生皮孔。芽广卵形，暗褐色，密被黄褐色茸毛或无毛。叶对生，奇数羽状复叶，有3~7小叶，通常5小叶，阔卵形或倒卵形，顶端小叶大，小叶柄对生处膨大，有褐黄色柔毛。圆锥花序生于当年生枝先端或叶腋，有时在花轴节部有褐色柔毛，花阔钟形或杯状，无花冠。翅果倒披针形，先端钝或凹或有小尖。花期4月，果期9~10月。

生态特性： 喜光，耐寒，耐寒。

观赏价值及应用： 树干通直，枝叶繁茂，秋叶橙黄，是优良的行道树和庭荫树。又可用作湖岸绿化。

木樨科　Oleaceae

PLANT 022

洋白蜡
Fraxinus pennsylvanica var. *subintegerrima*

梣属

形态特征： 落叶乔木。高达20m。奇数羽状复叶，对生，小叶5~9枚，披针形或披针状卵形。圆锥花序生于去年生无叶老枝上，无花冠。翅果倒披针形，长3~6cm，果翅下延达果体1/2以上。花期4月，果期9~10月。

生态特性： 喜光、耐寒、耐水湿，也耐干旱，对土壤要求不严，适应性强，生长快，根浅，发叶晚而落叶早。

观赏价值及应用： 生长健壮，枝叶浓密，秋叶变黄，可作行道树或庭园绿化树种。

木樨科　Oleaceae

PLANT 023　大叶女贞　*Ligustrum lucidum*　女贞属

别名： 女贞。

形态特征： 常绿灌木或乔木。高可达25m，树皮灰褐色。单叶对生，叶革质，卵形、长卵形或椭圆形至宽椭圆形。圆锥花序顶生，花小，两性，白色，萼钟形，花冠高脚碟状。核果长圆形，深蓝黑色，成熟时呈红黑色，被白粉。花期5~7月，果期7月至翌年5月。

生态特性： 喜光、喜温暖，耐寒性差，在土壤湿润肥沃、背风地段生长良好。

观赏价值及应用： 亚热带树种，枝叶茂密，树形整齐，是常用观赏树种，可于庭院孤植或丛植，作行道树、绿篱等。在雄安新区栽植应选择背风向阳地段栽植。

栽植表现： 雄安新区有栽植，冻害严重。

木樨科　Oleaceae

PLANT 024　小叶女贞　*Ligustrum quihoui*　女贞属

形态特征： 常绿或落叶小灌木。高2~3m，枝条坚硬开展，小枝淡棕色，圆柱形。单叶对生，叶薄革质，椭圆形或狭长圆形。圆锥花序顶生，近圆柱形，花白色。核果宽椭圆形，黑色。花期5~6月，果期7~11月。

生态特性： 喜光，稍耐阴，较耐寒。

观赏价值及应用： 枝叶紧密、树冠圆形，耐修剪，萌发力强，庭院中常栽植观赏或作为绿篱；可作桂花、丁香等树的砧木。叶小且耐修剪，生长迅速，是制作盆景的优良树种。

栽植表现： 雄安新区少量栽植，表现一般。

木樨科　Oleaceae

PLANT 025　金叶女贞　*Ligustrum × vicaryi*　女贞属

形态特征： 由加州金边女贞与欧洲女贞杂交育成的。常绿或落叶小灌木。单叶对生，椭圆形或卵状椭圆形。总状花序，花白色。核果阔椭圆形，紫黑色。花期5~7月，果期7~9月。

生态特性： 适应性强，对土壤要求不严。喜光，稍耐阴，耐寒能力较强，在背风向阳建筑物前，冬季可以保持不落叶。

观赏价值及应用： 在生长季节叶色呈鲜丽的金黄色，可与红叶的紫叶小檗、绿叶的龙柏、大叶黄杨、小叶黄杨等组成灌木状色块，形成强烈的色彩对比，具极佳的观赏效果，也可修剪成球形。

栽植表现： 雄安新区大量栽植，表现良好。

木樨科　Oleaceae

PLANT 026　辽东水蜡　*Ligustrum obtusifolium*　女贞属

别名： 水蜡树。

形态特征： 落叶灌木。高达3m，多分枝，小枝被微柔毛或柔毛。单叶对生，叶长椭圆形或倒卵状长椭圆形。圆锥花序下垂，花两性，白色，花冠长0.6~1cm。核果近球形或宽椭圆形，成熟时紫黑色。花期5~6月，果期7~11月。

生态特性： 适应性强，对土壤要求不严格。喜光，稍耐阴。

观赏价值及应用： 小灌木，耐修剪，叶色浓绿，有光泽，落叶晚，观赏绿化效果好。可栽植于公园、庭院绿地等处用作绿篱。

萝藦科　Asclepiadaceae

PLANT 001　杠柳　*Periploca sepium*　杠柳属

形态特征： 木质藤本。长达1.5m，具白色乳汁。单叶对生，披针形或卵状披针形。聚伞花序腋生，花1~5朵；花萼裂片卵圆形，花冠辐状，5裂，裂片长圆形；副花冠环状，10裂。蓇葖果2，细长圆柱状，种子长圆形，黑褐色。花期5~6月，果期7~9月。

生态特性： 喜光，耐寒，耐旱，耐瘠薄，也耐阴。对土壤适应性强，具有较强的抗风蚀、抗沙埋的能力。

观赏价值及应用： 藤茎光滑，叶片绿色，花朵紫红色，地上部分叶密荫浓，具有一定观赏价值，可作污地遮掩树种，也可作地被绿化和道路两旁绿化树种。

303

马钱科 Loganiaceae

PLANT 001 互叶醉鱼草
Buddleja alternifolia

醉鱼草属

形态特征：落叶灌木，高1~4m。长枝对生或互生，细弱，上部常弧状弯垂。叶在长枝上互生，在短枝上簇生，在长枝上的叶片披针形或线状披针形，在花枝上或短枝上的叶很小，椭圆形或倒卵形。花多朵组成簇生状或圆锥状聚伞花序；花萼钟状，花冠紫蓝色。蒴果椭圆状。花期6月，果期7~10月。

生态特性：适应性强，对土壤无特殊要求，在沙土、砂壤土及壤土上生长良好，耐土壤瘠薄，耐盐碱。

观赏价值及应用：长枝常弧状弯垂，紫红色的花朵井然有序，在苍翠叶片的衬托下，端庄而优雅。花还有白、蓝、黄和粉等色，可布置在花坛，或在花境、山石旁丛植及用于稀疏林下的地被植物，也可盆栽室内观赏。

茜草科　Rubiaceae

PLANT 001　薄皮木　*Leptodermis oblonga*　野丁香属

形态特征： 落叶灌木。高达1m，小枝有细柔毛。叶对生，全缘，椭圆状卵形至长椭圆形。花数朵簇生于枝顶叶腋，花冠紫色，漏斗形。蒴果椭圆形，托以宿存的小苞片。花期6~8月，果期9月。

生态特性： 耐瘠薄，适应性强。

观赏价值及应用： 株形矮小，夏秋开花，花小色艳，可丛植于草坪、路边、墙隅、假山旁及林缘，或于疏林下片植。

马鞭草科　Verbenaceae

PLANT 001　荆条　*Vitex negundo* var. *heterophylla*　牡荆属

形态特征： 落叶灌木。高1~5m，小枝四棱形。叶对生，单叶或裂为掌状复叶，小叶5，具长柄。圆锥花序，花冠蓝紫色，二唇形。核果，球形或倒卵形。花期长，6~8月，果期7~10月。

生态特性： 喜光，较耐寒、耐旱，能耐瘠薄土壤。适应性强，栽培管理容易。

观赏价值及应用： 枝叶繁茂，开花成穗，花蓝紫色，花朵繁密，是优良的观花和水土保持树种。宜丛植在庭院、路旁或作为复垦绿化植物。

栽植表现： 雄安新区少量栽植，表现良好。

马鞭草科　Verbenaceae

PLANT 002

白花荆条

Vitex negundo var. *heterophylla* 'Albiflora'

牡荆属

形态特征： 落叶灌木或小乔木。高1~4m。树皮灰褐色，幼枝四棱形。掌状复叶对生或轮生，小叶5或3枚，叶缘呈大锯齿状或羽状深裂，上面深绿色具细毛，下面灰白色，密被柔毛。花序顶生或腋生，由聚伞花序集成圆锥花序，花冠白色，外有微柔毛，顶端5裂，二唇形。核果球形，黑褐色，外被宿萼。花期6~8月，果期9~10月。

生态特性： 喜光，较耐寒、耐旱，能耐瘠薄土壤。适应性强，栽培管理容易。

观赏价值及应用： 枝叶繁茂，开花成穗，花朵繁密，是优良的观花和水土保持树种。宜丛植在庭院、路旁。

马鞭草科　Verbenaceae

PLANT 003　白棠子树　*Callicarpa dichotoma*　紫珠属

别名： 紫珠。

形态特征： 落叶灌木。高1~2m，小枝光滑，略带紫红色。单叶对生，叶片倒卵形至椭圆形。聚伞花序腋生，具总梗，花多数，花蕾紫色或粉红色，花冠有白、粉红、淡紫等色。果实球形，成熟后呈紫色，有光泽，经冬不落。花期7月，果期9~10月。

生态特性： 喜温、喜湿、怕风、怕旱，在阴凉的环境中生长较好。萌发条多，根系极发达，为浅根树种。

观赏价值及应用： 株形美观，花色绚丽，果实色彩鲜艳，珠圆玉润，犹如一颗颗紫色的珍珠，是优良的观花赏果植物。常用于园林绿化或庭院栽种，也可盆栽观赏。

马鞭草科　Verbenaceae

PLANT 004　海州常山
Clerodendrum trichotomum

大青属

形态特征： 落叶灌木或小乔木。高2~3m，嫩枝具棕色短柔毛。单叶对生，叶卵圆形，先端渐尖，基部多截形，全缘或有波状齿，伞房状聚伞花序顶生或腋生。花冠白色或粉红色。核果球形，蓝紫色，整个花序可同时出现红色花蕾、白色花冠和蓝紫色果实的丰富色彩。花果期6~10月。

生态特性： 喜光，较耐寒、耐旱，也喜湿润土壤，能耐瘠薄土壤，但不耐积水。适应性强，栽培管理容易。

观赏价值及应用： 花开时节，花朵红白相间，繁密似锦，是优良的观花、观果树种。宜丛植在庭院、路旁和溪边。

309

马鞭草科 Verbenaceae

PLANT 005 臭牡丹 *Clerodendrum bungei* 大青属

形态特征： 落叶灌木。高1~2m，植株有臭味。叶对生，宽卵形或卵形。伞房状聚伞花序顶生，密集；苞片叶状，披针形或卵状披针形，花冠淡红色、红色或紫红色。核果近球形，成熟时蓝黑色。花果期5~10月。

生态特性： 喜温暖湿润和阳光充足的环境，耐湿、耐旱、耐寒，适应性较强。能适应轻度至中度的盐碱地。

观赏价值及应用： 叶大色绿，花序稠密鲜艳，花期较长，适应性强，可在园林和庭院中种植，也可作地被植物及绿篱栽培。

唇形科　Labiatae

PLANT 001　木本香薷　*Elsholtzia stauntoni*　香薷属

别名： 华北香薷。

形态特征： 落叶亚灌木。株高0.7~1.7m，茎上部多分枝，常带紫红色。叶对生，具薄荷香气。轮伞花序，具5~10花，组成顶生的穗状花序，苞片披针形，花冠淡红紫色，二唇形。花期8~10月，果期7~10月。

生态特性： 喜光，喜温暖，喜水湿，耐干旱，但不耐水涝，耐寒性强，对土壤要求不严，以通风良好的砂质壤土或土质深厚的壤土为好，中度以下盐碱土及瘠薄土壤也能适应。

观赏价值及应用： 花色美丽，分枝稠密，花期偏晚，能够在开花植物很少见的时候开花，可以成片种植，颇为壮观。可用于园林绿地成片种植观赏。

茄科　Solanaceae

PLANT 001　枸杞　*Lycium chinense*　枸杞属

形态特征： 落叶灌木。多分枝，枝条细弱，弓状弯曲或俯垂。叶纸质，单叶互生或2~4枚簇生。花在长枝上单生或双生于叶腋，在短枝上与叶簇生；花冠淡紫色。浆果红色，卵状。花果期4~11月。

生态特性： 喜光照。对土壤要求不严，耐盐碱、耐肥、耐旱、怕水渍。以肥沃、排水良好的中性或微酸性轻壤土栽培为宜。

观赏价值及应用： 花期长，入秋满枝红果，是优良的观花、观果灌木。枝叶繁茂，果色红艳，可作为绿篱或果篱；也可布置于道路中间的隔离带。孤植、丛植或群植。

栽植表现： 雄安新区零星栽植，表现良好。

玄参科　Scrophulariaceae

PLANT 001　毛泡桐　*Paulownia tomentosa*　泡桐属

别名： 紫花泡桐。

形态特征： 落叶乔木。高达20m，树皮褐灰色，有白色斑点。叶柄常有黏性腺毛，叶全缘。聚伞圆锥花序的侧枝不发达，小聚伞花序有花3~5朵，花萼浅钟状，密被星状茸毛，5裂至中部，花冠漏斗状钟形，外面淡紫色，有毛，内面白色，有紫色条纹。蒴果卵圆形，先端锐尖，外果皮革质。花期4~5月，果期8~9月。

生态特性： 喜光，耐寒性较差，对大气干旱适应能力较强。喜沙性土壤，在黏重土壤上生长不良。生长迅速。

观赏价值及应用： 树姿优美，花色美丽鲜艳，并有较强的净化空气和抗大气污染的能力，是庭院和绿地中优良的观花树种。可孤植、列植于庭院和绿地作为庭荫树及观赏树种。

栽植表现： 雄安新区大量栽植，易感丛枝病。

玄参科　Scrophulariaceae

PLANT 002　白花泡桐　*Paulownia fortunei*　泡桐属

形态特征： 落叶乔木。高达30m，树冠圆锥形，主干直，树皮灰褐色；幼枝、叶、花序各部和幼果均被黄褐色星状茸毛。叶片长卵状心形，全缘或微呈波状。花序圆筒形，小聚伞花序有花3~8朵；花冠管状漏斗形，白色，仅背面稍带紫色或浅紫色。蒴果长圆形或长圆状椭圆形。花期4月，果期7~8月。

生态特性： 生长快，适应性较强。

观赏价值及应用： 树姿优美，是庭院和绿地中优良的观花树种。可孤植、列植于庭院和绿地作为庭荫树及观赏树种。

紫葳科　Bignoniaceae

PLANT 001　梓树　*Catalpa ovata*　梓属

形态特征：乔木。高达15m；树冠伞形，主干通直，嫩枝具稀疏柔毛。叶对生或近于对生，有时轮生，阔卵形，全缘或浅波状，常3浅裂。顶生圆锥花序，花冠钟状，淡黄色。蒴果线形，下垂，种子长椭圆形，两端具有平展的长毛。花期5~6月，果期6~10月。

生态特性：喜光，稍耐阴，耐寒，适生于温带地区，深根性。喜深厚肥沃湿润土壤，不耐干旱和瘠薄，能耐轻盐碱土。抗污染性较强。

观赏价值及应用：树体端正，冠大荫浓，春夏黄花满树，秋冬荚果悬挂，是庭院绿化的优良观赏树种。可作行道树、庭荫树。

栽植表现：雄安新区大量栽植，表现良好。

紫葳科　Bignoniaceae

PLANT 002　楸树　*Catalpa bungei*　梓属

形态特征： 落叶乔木。高8~12m。树冠狭长倒卵形。树干通直，树皮灰褐色、浅纵裂，小枝灰绿色、无毛。叶三角状卵形，先端渐长尖。总状花序伞房状排列，顶生，有花2~12朵；花冠浅粉紫色，内有紫红色斑点。蒴果圆柱状或长线形。花期4~5月，果期6~10月。

生态特性： 喜深厚肥沃湿润的土壤，不耐干旱和积水，稍耐盐碱。萌蘖性强，侧根发达。耐烟尘，抗有害气体能力强。寿命长。

观赏价值及应用： 树姿俊秀，枝繁叶茂，开花时繁花满枝，随风摇曳，令人赏心悦目。适宜作行道树、庭荫树，可对植、列植、丛植或作风景林的上层骨干树种。

栽植表现： 雄安新区大量栽植，易发生冻害。

紫葳科　Bignoniaceae

PLANT 003　黄金树　*Catalpa speciosa*　梓属

形态特征： 落叶乔木。高8~15m，树冠开展，树皮灰色。单叶对生，广卵形至卵状椭圆形，背面被白色柔毛，基部心形或截形。圆锥花序顶生，花冠白色。蒴果圆柱状，长线形，成熟时2瓣裂；种子长圆形，扁平。花期5月，果期9月。

生态特性： 喜光，喜湿润凉爽气候及深厚肥沃疏松土壤。不耐贫瘠和积水。

观赏价值及应用： 树形高大，枝条粗，冠形开阔，常作为行道树、庭园、路旁绿化树种。

紫葳科　Bignoniaceae

PLANT 004　凌霄　*Campsis grandiflora*　凌霄属

形态特征： 落叶藤本。奇数羽状复叶，对生，小叶7~11枚，多数为9枚，叶脉处无毛。顶生圆锥花序，由三出聚伞花序集成；萼筒钟状，浅绿色，花冠漏斗形，橙红色，花大。蒴果长圆筒形，2裂；种子多数，扁平。花期7~8月，果期8~9月。

生态特性： 性喜光、喜温暖湿润的环境，稍耐阴。喜欢排水良好土壤，较耐水湿，并有一定的耐盐碱能力。

观赏价值及应用： 生性强健，枝繁叶茂，入夏后朵朵红花缀于绿叶中次第开放，十分美丽，可植于假山等处，也是廊架绿化的良好植物。

栽植表现： 雄安新区多有栽植，表现良好。

忍冬科　Caprifoliaceae

PLANT 001　糯米条　*Abelia chinensis*　糯米条属

形态特征： 落叶灌木。高达2m；多分枝，嫩枝纤细，红褐色，被短柔毛，老枝树皮纵裂。叶对生，圆卵形至椭圆状卵形。聚伞花序生于小枝上部叶腋，花芳香，具3对小苞片；萼筒圆柱形，被短柔毛，萼檐5裂，果期变红色；花冠白色至红色，漏斗状。瘦果，具宿存而略增大的萼裂片。花期7~9月，果熟期10月。

生态特性： 喜温暖湿润气候，耐寒能力差。

观赏价值及应用： 丛生灌木，枝条柔软弯曲，树姿婆娑，开花时，白色小花密集梢端，晶莹可爱，适宜栽植于池畔、路边、草坪和林地边缘，可群植或列植，修剪成花篱。

忍冬科　Caprifoliaceae

PLANT 002　红雪果　*Symphoricarpos orbiculatus*　雪果属

形态特征： 落叶灌木。高达2m，幼枝纤细，红褐色。单叶对生，叶卵形。花簇生或单生于侧枝顶部叶腋，呈穗状花序，花小，无梗，淡粉色。核果卵圆形，红色。花期6月，果期7~10月。

生态特性： 喜光，耐寒，较耐旱，喜湿润及半阴环境，喜欢石灰质壤土，耐盐碱，病虫害少。

观赏价值及应用： 初夏开花，花朵繁盛，秋季红色果实成串下垂，是优良的观花、观果灌木。可丛植或作园林矮篱。

忍冬科　Caprifoliaceae

PLANT 003　六道木　*Abelia biflora*　六道木属

形态特征： 落叶灌木。高1~3m；节膨大，节间呈六棱形。叶矩圆形至矩圆状披针形，全缘或中部以上羽状浅裂。花单生于小枝上叶腋，花萼浅粉色，花冠白色、淡黄色或带浅红色。瘦果具硬毛。花期5~6月，果期7~9月。

生态特性： 喜光，耐旱，适应性强，抗寒性强。对土壤要求不严，易成活。

观赏价值及应用： 枝干独特，六棱形，叶繁茂鲜绿；花管状淡黄，形态独特，供观赏；耐修剪，园林绿化中可作为绿篱树种应用。

忍冬科　Caprifoliaceae

PLANT 004　接骨木　*Sambucus williamsii*　接骨木属

形态特征： 灌木或小乔木。高达6m。奇数羽状复叶，对生，小叶2~3对。花与叶同出，圆锥聚伞花序顶生；具有总花梗；花小而密；花白色或淡黄色。浆果状核果，近球形，黑紫色或红色。花期4~5月，果期9~10月。

生态特性： 喜光，耐寒，耐旱，适应性强。根系发达，萌蘖能力强，生长健壮。

观赏价值及应用： 枝叶繁茂，春季白花满树，夏秋红果累累，是良好的观赏灌木，宜植于草坪、林缘或水边。

忍冬科　Caprifoliaceae

PLANT 005　西洋接骨木　*Sambucus nigra*　接骨木属

形态特征： 落叶乔木或大灌木。高4~10m。羽状复叶有小叶片1~3对，通常2对，具短柄，椭圆形或椭圆状卵形，顶端尖或尾尖，边缘具锐锯齿。圆锥形聚伞花序，平散，直径达12cm；花小而多；花冠黄白色，裂片长矩圆形。果实亮黑色。花期5月，果熟期7~8月。

生态特性： 喜光，也耐半阴，抗旱抗寒。萌蘖力强。

观赏价值及应用： 花、果观赏价值较高。可植于庭院绿地。

忍冬科 Caprifoliaceae

PLANT 006 猬实 *Kolkwitzia amabilis* 猬实属

形态特征： 落叶灌木。高达3m；干皮薄片状剥落；小枝幼时疏生长毛。单叶对生，卵形至卵状椭圆形。顶生伞房状聚伞花序；花成对，两花萼筒紧贴，密生硬毛；花冠钟状，粉红色，喉部黄色，端5裂。瘦果状核果卵形，2个合生，密被黄色刚毛状刺，因形似刺猬而得名。花期5月，果期8~9月。

生态特性： 喜温暖湿润和光照充足的环境，有一定的耐寒性，-20℃地区可露地越冬。耐干旱。在肥沃而湿润的砂壤土中生长较好。

观赏价值及应用： 观花、观果灌木，盛花时节正值初夏百花凋谢之时，其花密色艳，花期长，是很好的观花灌木，可孤植、丛植，或作切花用。

忍冬科　Caprifoliaceae

PLANT 007　锦带花　*Weigela florida*　锦带花属

形态特征： 落叶灌木。高3m，枝条开展，小枝细弱，紫红色。单叶对生，叶椭圆形或卵状椭圆形。花冠漏斗状钟形，玫瑰红色，裂片5。蒴果长圆形。花期4~6月，果期8~9月。

生态特性： 喜光，耐阴，耐寒；对土壤要求不严，能耐瘠薄土壤，但以深厚、湿润而腐殖质丰富的土壤生长最好，怕水涝。萌芽力强，生长迅速。

观赏价值及应用： 枝叶茂密，花色艳丽，花期长，是华北地区主要的早春花灌木。适宜在庭院墙隅、湖畔群植；也可在树丛林缘作花篱。

常见栽培品种： 美丽锦带花、白花锦带花、变色锦带花、花叶锦带花、紫叶锦带花、毛叶锦带花、斑叶锦带花、红王子锦带花等。

忍冬科　Caprifoliaceae

PLANT 008　白锦带花　*Weigela florida* f. *alba*　锦带花属

形态特征： 落叶灌木。高3m，枝条开展，小枝细弱，紫红色。单叶对生，叶椭圆形或卵状椭圆形。花冠漏斗状钟形，白色，裂片5。蒴果长圆形。花期4~5月。果期8~9月。

生态特性： 喜光，耐阴，耐寒；对土壤要求不严，能耐瘠薄土壤，怕水涝。萌芽力强，生长迅速。

观赏价值及应用： 枝叶茂密，花色洁白。适宜在庭院墙隅、湖畔群植；也可在树丛林缘作花篱。

忍冬科　Caprifoliaceae

PLANT 009

花叶锦带花
Weigela florida 'Variegata'

锦带花属

形态特征： 落叶灌木。株丛紧密，株高 1.5~2m。叶缘乳黄色或白色。聚伞花序生于叶腋及枝端，花 1~4 朵，萼筒绿色，花冠喇叭状，紫红色至淡粉色。花期 5 月上旬。

生态特性： 喜含腐殖质及排水良好的土壤。耐寒、耐旱，也耐强光。

观赏价值及应用： 是观叶、观花的好材料，常密植作花篱，或丛植、孤植于庭园中。

忍冬科 Caprifoliaceae

PLANT 010 红王子锦带花
Weigela florida 'Red Prince'

锦带花属

形态特征： 锦带花的栽培品种。落叶丛生灌木，高1.5~2.0m，冠幅1.5m。枝条开展成拱形，嫩枝淡红色，老枝灰褐色。单叶，对生，叶椭圆形或卵状椭圆形。花1~4朵成聚伞花序，生于叶腋或枝顶；花冠漏斗状钟形，鲜红色。蒴果圆柱形，种子无翅。花期5~7月，果期8~9月。

生态特性： 喜光，也稍耐阴；耐寒、耐旱；忌水涝，不宜栽植于低洼积水处，适应性强，抗逆性强，对土壤要求不严，以深厚、肥沃、湿润而排水良好的壤土生长最好；抗盐碱，抗病虫；萌芽力、萌蘖力均强，生长迅速；耐修剪。

观赏价值及应用： 株型美观，枝条修长，叶色独特，花朵稠密，花红艳丽，盛花期孤植株型形似红球，红花点缀绿叶之中，甚为美观，因此而得名"红王子"，具有很高的观赏价值。在园林中，可孤植于庭院、广场、公园、草坪中，也可丛植于路旁，或可用来作色块。对氟化氢有一定的抗性，因此也可作为工矿区的绿化美化植物。

忍冬科　Caprifoliaceae

PLANT 011　金银木　*Lonicera maackii*　忍冬属

别名： 金银忍冬。

形态特征： 落叶小乔木。高达5m，常丛生成灌木状，株形圆满。小枝中空，单叶对生，卵状椭圆形至披针形。花成对腋生，二唇形花冠；花开之时初为白色，后变为黄色，故得名"金银木"。浆果球形，亮红色。花期5~6月，果熟期8~10月。

生态特性： 喜光，较耐阴；耐寒性较强，可忍耐-40℃的低温。耐旱，喜湿，在湿润环境下生长最好；对土壤要求不严。

观赏价值及应用： 树木枝叶丰满，初夏开花有芳香，秋季红果缀枝头，是优良的观赏灌木。在园林中，常丛植于草坪、林缘、路边或点缀于建筑周围。

忍冬科　Caprifoliaceae

PLANT 012　金银花　*Lonicera japonica*　忍冬属

别名： 忍冬。

形态特征： 半常绿缠绕藤本。幼枝红褐色。叶纸质，卵形至矩圆状卵形。花成对生于叶腋，花冠二唇形，白色，后变黄色。浆果圆形，熟时蓝黑色，有光泽；种子卵圆形或椭圆形。花期4~6月，果熟期10~11月。

生态特性： 适应性强，喜阳，也耐阴，耐寒，也耐干旱和水湿，对土壤要求不严，但以湿润、肥沃的深厚砂质壤土生长最佳。

观赏价值及应用： 花叶俱美，常绿不凋，是著名的庭院花卉，适宜于作篱垣、阳台、绿廊、花架、凉棚等垂直绿化材料。

忍冬科　Caprifoliaceae

PLANT 013　蓝叶忍冬　*Lonicera korolkowii*　忍冬属

形态特征： 株高2~3m，树形向上，树冠紧凑。单叶对生，叶卵形或卵圆形，全缘，新叶嫩绿，老叶墨绿色泛蓝色。花脂红色。浆果亮红色。花期4~5月，果期9~10月。

生态特性： 喜光、耐寒，稍耐阴，耐修剪。

观赏价值及应用： 花美叶秀，其叶、花、果均具观赏价值，可种植于庭园、公园等地，可作绿篱栽植。

忍冬科　Caprifoliaceae

PLANT 014　郁香忍冬　*Lonicera fragrantissima*　忍冬属

形态特征： 半常绿或有时落叶灌木。高达2m。叶厚纸质或带革质，形态变异很大，从倒卵状椭圆形、椭圆形、圆卵形、卵形至卵状矩圆形。花冠白色或淡红色，唇形。果实鲜红色，矩圆形，种子褐色，矩圆形。花期3月中旬至4月，果熟期4月下旬至5月。

生态特性： 喜光，也耐阴。喜肥沃、湿润土壤。耐旱，忌涝。萌蘖性强。

观赏价值及应用： 枝叶茂盛，早春先叶开花，香气浓郁。适宜庭院附近、草坪边缘、园路旁及转角一隅、假山前后及亭际附近栽植。

忍冬科　Caprifoliaceae

PLANT 015　盘叶忍冬　*Lonicera tragophylla*　忍冬属

形态特征： 落叶藤本。高达2m。单叶对生，叶纸质，矩圆形或卵状矩圆形，稀椭圆形，花序下方1~2对叶连合成近圆形或圆卵形的盘，盘两端通常钝形或具短尖头。聚伞花序密集成头状花序生小枝顶端，花冠黄色至橙黄色，上部外面略带红色。核果球形，成熟时由黄色变深红色。花期5~6月，果熟期9~10月。

生态特性： 耐寒、耐旱、耐瘠薄，对土壤要求不严。

观赏价值及应用： 夏季开花，花冠黄色至橙黄色，花香浓郁；秋季果红色或红紫色，可作为墙体或篱垣上攀缘绿化植物，也可以作为凉棚植物遮阴。

忍冬科　Caprifoliaceae

PLANT 016　欧洲荚蒾　*Viburnum opulus*　荚蒾属

形态特征： 落叶灌木。高达1.5~4m；当年生小枝有棱，二年生小枝灰色或红褐色，近圆柱形，老枝和茎干暗灰色，常纵裂。单叶对生，圆卵形至广卵形或倒卵形，通常3裂，具掌状三出脉。复伞形式聚伞花序，周围有大型的不孕花，花冠白色，直径1.3~2.5cm。果实红色，近圆形。花期5~6月，果熟期9~10月。

生态特性： 喜光，稍耐阴，怕旱又怕涝，较耐寒。对土壤要求不严，以湿润、肥沃、排水良好的壤土为宜，适应性较强。萌芽、萌蘖力强。

观赏价值及应用： 花期较长，花白色清雅，花序繁密，大型不孕花环绕整个复伞花序，整体形状独特。适合于庭院、绿地、疗养院、医院、学校等地方栽植。

忍冬科　Caprifoliaceae

PLANT 017　琼花

Viburnum macrocephalum f. *keteleeri*

荚蒾属

形态特征： 绣球荚蒾的变型。落叶或半常绿灌木，高达4m。叶纸质，卵形至椭圆形或卵状矩圆形，长5~11cm，顶端钝或稍尖，基部圆或有时微心形，边缘有小齿，侧脉5~6对。聚伞花序仅周围具大型的不孕花，花冠直径3~4.2cm；可孕花的萼齿卵形，长约1mm，花冠白色，辐状。果实红色而后变黑色，椭圆形。花期4~5月，果熟期9~10月。

生态特性： 喜温暖、湿润、阳光充足气候，喜光，稍耐阴，较耐寒，不耐干旱和积水。喜湿润、肥沃、排水良好的砂质壤土。

观赏价值及应用： 花大而美丽，具有极高的观赏价值。可孤植和群植。

忍冬科　Caprifoliaceae

PLANT 018　皱叶荚蒾　*Viburnum rhytidophyllum*　荚蒾属

形态特征： 常绿灌木或小乔木。高达4m。单叶对生，叶革质，卵状矩圆形至卵状披针形。顶生聚伞花序稠密，直径7~12cm，花冠白色，辐状。核果宽椭圆形，红色，后变黑色。花期4~5月，果熟期9~10月。

生态特性： 喜光，亦较耐阴，喜温暖湿润环境，喜湿润但不耐涝。对土壤要求不严，在深厚肥沃、排水良好的砂质土壤中生长最好。

观赏价值及应用： 常绿灌木，树姿优美，叶色浓绿，秋果累累。可作为公园及庭院绿化观赏树种，宜栽植在稍遮阴环境或疏林中。

忍冬科　Caprifoliaceae

PLANT 019　天目琼花　*Viburnum sargentii*　荚蒾属

别名： 鸡树条荚蒾。

形态特征： 落叶灌木。高约3m。树皮灰色，浅纵裂，小枝有明显皮孔。叶宽卵形至卵圆形，通常3裂。复聚伞形花序，生于侧枝顶端，花序外围有大型不孕花，花冠乳白色。核果近球形，鲜红色。花期5~6月，果期8~9月。

生态特性： 喜光、耐阴、耐寒；对土壤要求不严，微酸性及中性土壤都能生长。根系发达，移植容易成活。

观赏价值及应用： 树姿优美，春季开花，花序大，边缘着生大型不孕花，洁白轻盈，微风拂过，宛如群蝶起舞；秋叶紫红，果实鲜红艳丽，宿存至冬。是优良的观花赏果树种。适宜于庭院、街道、广场绿化。配置于房前屋后、林缘及草坪上，孤植、对植、列植、群植均可；或与假山石、水池或其他树木搭配成景。

菊科 Compositae

PLANT 001 蚂蚱腿子 *Myripnois dioica* 蚂蚱腿子属

别名： 万花木。
形态特征： 落叶小灌木。高1m，枝被短细毛。叶互生，宽披针形至卵形，先端渐尖，基部楔形至圆形，全缘，两面无毛，具主脉3条。头状花序单生于侧生短枝端，花先叶开放，外面被绢毛，雌花与两性花异株，雌花具舌状花，淡紫色，两性花花冠白色。花期4~5月，果期5~7月。
生态特征： 喜阳，耐干旱，耐瘠薄。
观赏价值及应用： 菊科植物多为草本，蚂蚱腿子是菊科植物中唯一的木本植物，较为奇特，可用于林下及阴坡种植。

禾本科　Gramineae

PLANT 001　早园竹　*Phyllostachys propinqua*　刚竹属

形态特征： 常绿。秆高6m，粗3~4cm，节间绿色，新竹被厚白粉，光滑无毛；秆环与箨环隆起，箨鞘背面淡红褐色或黄褐色，箨舌淡褐色，拱形，箨片披针形或线状披针形，叶鞘无叶耳，叶片宽2~3cm。笋期4~5月。

生态特性： 喜温暖湿润气候，耐旱、抗寒性强，能耐短期-20℃的低温；适应性强，轻盐碱地、沙土及低洼地均能生长，怕积水，喜光怕风。

观赏价值及应用： 四季常青，挺拔秀丽，既可防风遮阴，又可点缀庭园，美化环境。可丛植于建筑物周围或绿地中。

栽植表现： 雄安新区多有栽植，表现良好。

禾本科　Gramineae

PLANT 002　淡竹　*Phyllostachys glauca*　刚竹属

形态特征：常绿。秆高达10m，粗2~5cm，幼秆密被白粉，无毛，老秆灰黄绿色；节间最长可达40cm，壁薄，厚约3mm；秆环与箨环均稍隆起。箨鞘背面淡紫褐色至淡紫绿色，常有深浅相同的纵条纹；箨舌暗紫褐色，截形，箨片线状披针形或带状，叶舌紫褐色；叶片长7~16cm，宽1.2~2.5cm。笋期4月中旬至5月底，花期6月。

生态特性：怕强风，怕严寒，喜光，适宜生长在中性或微酸性、微碱性土壤。

观赏价值及应用：四季常青，挺拔秀丽，可丛植于建筑物周围或绿地中。

栽植表现：雄安新区多有栽植，表现良好。

禾本科　Gramineae

PLANT 003　黄槽竹　*Phyllostachys aureosulcata*　刚竹属

别名： 玉镶金竹。

形态特征： 常绿。秆高4~6m，秆径达4cm，秆绿色，凹槽处黄色，新秆密被白粉及柔毛，秆环较箨环突起，秆基部有时数节生长曲折。箨淡黄色，有绿色条纹和紫色脉纹，边缘具灰白色短纤毛，被薄白粉及稀疏的紫褐色细斑点；箨耳宽镰刀形，具长继毛；箨叶长三角形至宽带形，直立，下部具白粉，基部常两侧下延成箨耳；箨舌宽短，弧形，先端有纤毛。笋期4月。

生态特性： 耐严寒，繁殖和适应性强

观赏价值及应用： 其秆色美丽，可作庭园绿化用。

栽植表现： 雄安新区多有栽植，表现良好。

禾本科　Gramineae

PLANT 004　阔叶箬竹　*Indocalamus latifolius*　箬竹属

形态特征： 灌木状。秆高可达2m，直径0.5~1.5cm；秆环略高，箨环平；秆每节每1枝。箨鞘硬纸质或纸质，箨耳无或稀，箨舌截形，箨片直立，叶鞘质厚，坚硬，边缘无纤毛；叶舌截形，叶耳无。叶片长圆状披针形，下表面灰白色或灰白绿色。圆锥花序，小穗常带紫色，圆柱形。笋期4~5月。

生态特性： 喜温暖湿润气候，耐寒性较强。

观赏价值及应用： 四季常青，枝叶繁茂，具有较强的释氧、滞尘、降噪功能，可丛植于建筑物周围或绿地中。

百合科 Liliaceae

PLANT 001 凤尾兰 *Yucca gloriosa* 丝兰属

别名： 凤尾兰。

形态特征： 多年生常绿草本植物。高50~150cm，茎木质化，有时分枝；叶密集，螺旋排列茎端，质坚硬，有白粉，剑形，顶端硬尖。圆锥花序顶生，花大而下垂，乳白色，常带红晕。蒴果椭圆状卵形，不开裂，花期7~10月。

生态特性： 耐寒耐旱，耐瘠薄，也耐阴耐湿，对土壤要求不严。在温暖湿润和阳光充足环境中生长健壮。

观赏价值及应用： 常年叶色浓绿，花、叶形态优美，是良好的庭园观赏植物。可栽植于花坛中央、建筑前、草坪中、池畔、台坡等处。

栽植表现： 雄安新区多有栽植，表现良好。

主要参考文献

白顺江，纪殿荣，黄大庄.树木识别与应用[M].北京：农村读物出版社，2004.
陈植.观赏树木学[M].北京：中国林业出版社，1984.
孙立元，任宪威.河北树木志[M].北京：中国林业出版社，1997.
张涛，齐思忱.河北省城市园林植物应用指南[M].石家庄：河北科学技术出版社，2011.
郑万钧.中国树木志[M].北京：中国林业出版社，1979-1983.
《中国高等植物彩色图鉴》编委会.中国高等植物彩色图鉴[M].北京：科学出版社，2016.

中文名索引

A

矮紫杉	31

B

八棱海棠	122
白丁香	278
白花荆条	307
白花泡桐	314
白花山碧桃	140
白花藤萝	190
白花重瓣溲疏	87
白锦带花	326
白鹃梅	167
白蜡	293
白皮松	16
白杆	13
白山桃	143
白棠子树	308
白榆	46
白玉兰	65
薄皮木	305
'保罗红'钝裂叶山楂	108
抱头毛白杨	42
暴马丁香	283
北海道黄杨	236

北京丁香	284
北京黄丁香	285
北美海棠	120
北五味子	74
北枳椇	248
碧桃	137
扁担杆	257

C

侧柏	21
茶条槭	223
朝鲜黄杨	244
柽柳	264
稠李	165
臭椿	200
臭牡丹	310
臭檀	195
垂柳	39
垂丝海棠	119
垂枝碧桃	139
垂枝桑	60
垂枝樱	162
垂枝榆	48
垂枝圆柏	25
刺槐	183

粗榧	30
翠柏	29

D

大果榆	51
大花溲疏	84
大叶白蜡	297
大叶垂榆	49
大叶黄杨	233
大叶女贞	299
大叶朴	55
大叶早樱	161
淡竹	340
灯台树	273
棣棠	132
东陵八仙花	83
豆梨	125
杜梨	124
杜仲	57
多花蔷薇	128

E

鹅耳枥	44
二乔玉兰	68
二球悬铃木	81

F

飞黄玉兰	66
丰后梅	149
风箱果	98
枫杨	34
凤尾兰	343
扶芳藤	239
佛手丁香	286
复叶槭	216

G

甘肃山楂	107
杠柳	303
葛	188
枸杞	312
构树	62
广玉兰	72

H

海棠花	117
海州常山	309
旱柳	35
杭子梢	192
合欢	171
核桃	33
核桃楸	32
红丁香	279
红果臭椿	201
红花锦鸡儿	186
红花七叶树	230
红花槭	225
红瑞木	271
红王子锦带花	328
红雪果	320
红叶碧桃	138
胡枝子	191
互叶醉鱼草	304
花椒	197
花木蓝	193
花石榴	268
花叶复叶槭	218
花叶锦带花	327
花叶连翘	289
华北绣线菊	94
华北珍珠梅	101
华山松	17
槐树	178
'黄鸟'布鲁克林木兰	67
黄檗	198
黄槽竹	341
黄刺玫	127
黄果山楂	109
黄金树	317
黄连木	207
黄芦木	78
黄山栾树	227
黄杨	243
火棘	168
火炬树	209

J

鸡麻	133
加杨	43
胶州卫矛	238
接骨木	322
金边大叶黄杨	234
金露梅	170
金山绣线菊	91
金丝垂柳	40
金丝吊蝴蝶	240
金焰绣线菊	92
金叶白蜡	294
金叶风箱果	100
金叶复叶槭	217
金叶国槐	182
金叶连翘	290
金叶女贞	301
金叶千头柏	23
金叶榆	47
金银花	330
金银木	329
金枝槐	181
金钟花	291
锦带花	325
荆条	306
菊花桃	136
巨紫荆	176
君迁子	275

K

糠椴	255
苦楝	203
阔叶箬竹	342

L

蜡梅	75
蓝叶忍冬	331
榔榆	53
梨	123
李	152
连翘	288

辽东水蜡	302	蒙桑	61	青楷槭	222
辽梅杏	147	牡丹	79	青杆	14
辽宁山楂	106	木本香薷	311	青檀	56
裂叶丁香	280	木瓜	113	青榨槭	221
裂叶榆	50	木瓜海棠	111	琼花	335
凌霄	318	木槿	258	秋子梨	126
流苏	292			楸树	316
六道木	321	**N**		雀儿舌头	206
龙柏	26	南蛇藤	241		
龙桑	59	牛奶子	260	**R**	
龙枣	246	挪威槭	224	日本木瓜	112
龙爪槐	179	糯米条	319	日本晚樱	163
龙爪柳	37			日本樱花	164
栾树	226	**O**		柔毛绣线菊	93
葎叶蛇葡萄	251	欧洲火棘	169	软枣猕猴桃	80
		欧洲荚蒾	334		
M		欧洲李	154	**S**	
麻叶绣线菊	96	欧洲七叶树	231	三花槭	220
蚂蚱腿子	338			三角槭	213
麦李	159	**P**		三裂绣线菊	90
馒头柳	38	爬山虎	253	三叶椒	199
毛白杨	41	盘叶忍冬	333	桑	58
毛刺槐	184	平枝枸子	102	沙地柏	27
毛花绣线菊	95	苹果	114	沙棘	262
毛黄栌	210	葡萄	249	沙梾	270
毛梾	269	铺地柏	28	沙枣	261
毛泡桐	313			山荆子	116
毛叶山桐子	263	**Q**		山里红	105
毛樱桃	157	七叶树	229	山葡萄	250
玫瑰	129	漆树	212	山桃	142
梅	150	千头柏	22	山杏	146
美国红栌	211	千头椿	202	山皂荚	172
美人梅	155	乔松	18	山楂	104
蒙椴	254	巧玲花	281	山茱萸	272

陕梅杏	148	**X**		榆叶梅	144		
省沽油	242	西府海棠	118	郁李	158		
石榴	267	西洋接骨木	323	郁香忍冬	332		
柿	276	狭叶白蜡	295	元宝槭	215		
寿星桃	141	香茶藨子	89	圆柏	24		
树锦鸡儿	187	香椿	204	月季	130		
栓皮栎	45	香花槐	185				
水杉	20	小花溲疏	85	**Z**			
水枸子	103	小叶白蜡	296	杂种鹅掌楸	73		
丝棉木	232	小叶女贞	300	早园竹	339		
四照花	274	小叶朴	54	枣	245		
溲疏	86	小叶巧玲花	282	皂荚	173		
酸枣	247	新疆野苹果	115	掌刺小檗	77		
		星花玉兰	70	照手桃	135		
T		杏	145	柘树	63		
太平花	88	雪松	19	珍珠绣线菊	97		
绦柳	36	血皮槭	219	枳	196		
桃	134			皱叶荚蒾	336		
天目琼花	337	**Y**		梓树	315		
贴梗海棠	110	盐肤木	208	紫丁香	277		
脱皮榆	52	洋白蜡	298	紫椴	256		
		野皂荚	174	紫荆	175		
W		一球悬铃木	82	紫穗槐	194		
望春玉兰	71	一叶萩	205	紫藤	189		
卫矛	237	银边大叶黄杨	235	紫薇	265		
猬实	324	银薇	266	紫叶矮樱	156		
文冠果	228	银杏	12	紫叶稠李	166		
无花果	64	樱桃	160	紫叶风箱果	99		
梧桐	259	迎春	287	紫叶李	153		
五角槭	214	油松	15	紫叶小檗	76		
五叶地锦	252	鱼鳔槐	177	紫玉兰	69		
五叶槐	180						

学名索引

A

Abelia biflora	321
Abelia chinensis	319
Acer buergerianum	213
Acer davidii	221
Acer ginnala	223
Acer griseum	219
Acer mono	214
Acer negundo	216
Acer negundo 'Aurea'	217
Acer negundo 'Variegatum'	218
Acer tegmentosum	222
Acer triflorum	220
Acer truncatum	215
Acer platanoides	224
Acer rubrum	225
Actinidia arguta	80
Aesculus carnea 'Briotii'	230
Aesculus chinensis	229
Aesculus hippocastanum	231
Ailanthus altissima	200
Ailanthus altissima 'Qiantou'	202
Ailanthus altissima var. *erythrocarpa*	201
Albizia julibrissin	171
Amorpha fruticosa	194
Ampelopsis humulifolia	251
Amygdalus davidiana	142
Amygdalus davidiana f. *alba*	143
Amygdalus persica	134
Amygdalus persica 'Juhuatao'	136
Amygdalus persica 'Baihua Shanbitao'	140
Amygdalus persica f. *atropurpurea*	138
Amygdalus persica f. *duplex*	137
Amygdalus persica f. *pendula*	139
Amygdalus persica f. *pyramidalis*	135
Amygdalus persica var. *densa*	141
Amygdalus triloba	144
Armeniaca sibirica	146
Armeniaca sibirica var. *pleniflora*	147
Armeniaca vulgaris	145
Armeniaca vulgaris var. *meixianensis*	148

B

Berberis amurensis	78
Berberis koreana	77
Berberis thunbergii 'Atropurpurea'	76
Bothrocaryum controversum	273
Broussonetia papyrifera	62
Buddleja alternifolia	304
Buxus sinica	243
Buxus sinica var. *koreana*	244

C

Callicarpa dichotoma	308
Campsis grandiflora	318
Campylotropis macrocarpa	192
Caragana arborescens	187
Caragana rosea	186
Carpinus turczaninowii	44
Catalpa bungei	316
Catalpa ovata	315
Catalpa speciosa	317
Cedrus deodara	19
Celastrus orbiculatus	241
Celtis bungeana	54
Celtis koraiensis	55
Cephalotaxus sinensis	30
Cerasus glandulosa	159
Cerasus japonica	158
Cerasus pseudocerasus	160
Cerasus serrulata var. *lannesiana*	163
Cerasus subhirtella	161
Cerasus subhirtella var. *pendula*	162
Cerasus tomentosa	157

Cerasus yedoensis	164	*Diospyros kaki*	276	subintegerrima	298
Cercis chinensis	175	*Diospyros lotus*	275	*Fraxinus rhynchophylla*	297
Cercis glabra	176				

E

G

Chaenomeles cathayensis	111				
Chaenomeles japonica	112	*Elaeagnus angustifolia*	261	*Ginkgo biloba*	12
Chaenomeles sinensis	113	*Elaeagnus umbellate*	260	*Gleditsia japonica*	172
Chaenomeles speciosa	110	*Elsholtzia stauntoni*	311	*Gleditsia microphylla*	174
Chimonanthus praecox	75	*Eucommia ulmoides*	57	*Gleditsia sinensis*	173
Chionanthus retusus	292	*Euonymus alatus*	237	*Grewia bioloba*	257
Clerodendrum bungei	310	*Euonymus fortunei*	239		

H

Clerodendrum trichotomum	309	*Euonymus japonicus*	233		
Colutea arborescens	177	*Euonymus japonicas* 'Beihaidao'	236	*Hibiscus syriacus*	258
Continus coggyria 'Royal Purple'	211	*Euonymus japonicus* 'Aureo-marginatus'	234	*Hippophae rhamnoides*	262
				Hovenia dulcis	248
Cornus alba	271	*Euonymus japonicus* 'Albo-marginatus'	235	*Hydrangea bretschneideri*	83
Cornus walteri	269				

I

Cornus bretschneideri	270	*Euonymus kiautshovicus*	238		
Cotinus coggygria var. *cinerea*	210	*Euonymus maackii*	232	*Idesia polycarpa* var. *vestita*	263
Cotoneaster horizontalis	102	*Euonymus schensianus*	240	*Indigofera kirilowii*	193
Cotoneaster multiflorus	103	*Evodia daniellii*	195	*Indocalamus latifolius*	342
Crataegus chlorocarpa	109	*Exochorda racemosa*	167		

J

Crataegus kansuensis	107				

F

Crataegus laevigata 'Paul's Scarlet'	108			*Jasminum nudiflorum*	287
		Ficus carica	64	*Juglans mandshurica*	32
Crataegus pinnatifida	104	*Firmiana simplex*	259	*Juglans regia*	33
Crataegus pinnatifida var. *major*	105	*Forsythia koreana* 'Sun Gold'	290		

K

Crataegus sanguinea	106	*Forsythia suspensa*	288		
Cubrania tricusopiclata	63	*Forsythia suspensa* var. *variegata*	289	*Kerria japonica*	132
				Koelreuteria bipinnata var. *integrifoliola*	227

D

		Forsythia viridissima	291		
Dendrobenthamia kousa var. *chinensis*	274	*Fraxinus americana* 'Autumn Purple'	295	*Koelreuteria paniculata*	226
				Kolkwitzia amabilis	324
Deutzia grandiflora	84	*Fraxinus bungeana*	296		

L

Deutzia parviflora	85	*Fraxinus chinensis*	293		
Deutzia scabra	86	*Fraxinus chinensis* 'Jinguan'	294	*Lagerstroemia indica*	265
Deutzia scabra var. *candidissima*	87	*Fraxinus pennsylvanica* var.		*Lagerstroemia indica* f. *alba*	266

Leptodermis oblonga	305	Morus alba 'Pendula'	60	Platycladus orientalis 'Sieboldii'	22
Leptopus chinensis	206	Morus alba 'Tortuosa'	59	Poncirus trifoliata	196
Lespedeza bicolor	191	Morus mongolica	61	Populus canadensis	43
Ligustrum × vicaryi	301	Myripnois dioica	338	Populus tomentosa	41
Ligustrum lucidum	299			Populus tomentosa var. fastigiata	42
Ligustrum obtusifolium	302	**P**		potentilla fruticosa	170
Ligustrum quihoui	300	padus racemosa	165	Prunus × cistena	156
Liriodendron × sinoamericanum	73	Padus virginiana 'Canada Red'	166	Prunus ceraifera var.	
Lonicera fragrantissima	332	Paeonia suffruticosa	79	atropurpurea	153
Lonicera japonica	330	Parthenocissus quinquefolia	252	Prunus domestica	154
Lonicera korolkowii	331	Parthenocissus tricuspidata	253	Prunus mume	150
Lonicera maackii	329	Paulownia fortunei	314	Prunus mume 'Fenghou'	149
Lonicera tragophylla	333	Paulownia tomentosa	313	Prunus salicina	152
Lycium chinense	312	Periploca sepium	303	Prunus × blireana 'Meiren'	155
		Phellodendron amurense	198	Ptelea trifoliata	199
M		Philadelphus pekinensis	88	Pterocarya stenoptera	34
Macrocarpium officinalis	272	Phyllostachys aureosulcata	341	Pteroceltis tatarinowii	56
Magnolia × brooklynensis	67	Phyllostachys glauca	340	Pueraria lobata	188
Magnolia biondii	71	Phyllostachys propinqua	339	Punica granatum	267
Magnolia denudata	65	Physocarpus amurensis	98	Punica granatum var. nana	268
Magnolia denudata 'Feihang'	66	Physocarpus opulifolius		Pyracantha coccinea	169
Magnolia grandiflora	72	'Summer Wine'	99	Pyracantha fortuneana	168
Magnolia liliflora	69	Physocarpus opulifolius var.		Pyrus betulifolia	124
Magnolia stellata	70	luteus	100	Pyrus bretschneideri	123
Magnolia × soulangeana	68	Picea meyers	13	Pyrus calleryana	125
Malus 'American'	120	Picea wilsonii	14	Pyrus ussuriensis	126
Malus baccata	116	Pinus armandii	17		
Malus halliana	119	Pinus bungeana	16	**Q**	
Malus micromalus	118	Pinus griffithii	18	Quercus variabilis	45
Malus pumila	114	Pinus tabulaeformis	15		
Malus sieversii	115	Pistacia chinensis	207	**R**	
Malus spectabilis	117	Platanus acerifolia	81	Rhodotypos scandens	133
Malus × robusta	122	Platanus occidentalis	82	Rhus chinensis	208
Melia azedarach	203	Platycladus orientalis	21	Rhus typhina	209
Metasequoia glyptostroboides	20	Platycladus orientalis		Ribes odoratum	89
Morus alba	58	'Semperarescens'	23	Robinia pseudoacacia	183

Robinia pseudoacacia 'Idaho'	185	*Spiraea japonica* 'Gold Mound'	91	*Ulmus pumila*	46
Robinia hispida	184	*Spiraea pubescens*	93	*Ulmus pumila* var. *pendula*	48
Rosa chinensis	130	*Spiraea thunbergii*	97	*Ulmus pumila* 'Jinye'	47
Rosa multiflora	128	*Spiraea trilobata*	90		
Rosa rugosa	129	*Staphylea bumalda*	242		
Rosa xanthina	127	*Symphoricarpos orbiculatus*	320		

V

Viburnum macrocephalum f.
   keteleeri   335

S

Sabina chinensis	24	*Syringa oblata*	277		
		Syringa oblata var. *alba*	278	*Viburnum opulus*	334
		Syringa persica var. *laciniata*	280	*Viburnum rhytidophyllum*	336
Sabina chinensis 'Kaizuka'	26	*Syringa pubescens*	281	*Viburnum sargentii*	337
Sabina chinensis f. *pendula*	25	*Syringa pubescens* subsp.		*Vitex negundo* var. *heterophylla*	
Sabina procumbens	28	*microphylla*	282	'Albiflora'	307
Sabina squamata	29	*Syringa reticulata* subsp.		*Vitex negundo* var. *heterophylla*	306
Sabina vulgaris	27	*amurensis*	283	*Vitis amurensis*	250
Salix babylonica	39	*Syringa villosa*	279	*Vitis vinifera*	249
Salix babylonica×*Salix vitellina*		*Syringa vulgaris* 'Albo-plena'	286		

W

'Pendula Aurea'	40	*Syringa reticulata* subsp.			
Salix matsudana	35	*pekinensis* 'Jinyuan'	285	*Weigela florida*	325
Salix matsudana f. *pendula*	36	*Syringa reticulata* subsp.		*Weigela florida* 'Red Prince'	328
Salix matsudana f. *tortusa*	37	*pekinensis*	284	*Weigela florida* 'Variegata'	327
Salix matsudana f. *umbraculifera*	38			*Weigela florida* f. *alba*	326

T

Sambucus nigra	323			*Wisteria sinensis*	189
Sambucus williamsii	322	*Tamarix chinensis*	264	*Wisteria venusta*	190
Schisandra chinensis	74	*Taxus cuspidata*	31		

X

Securinega suffruticosa	205	*Tilia amurensis*	256		
Sophora japonica	178	*Tilia mandshurica*	255	*Xanthoceras sorbifolia*	228
Sophora japonica var. *pendula*	179	*Tilia mongolica*	254		

Y

Sophora japonica f. *oligophylla*	180	*Toona sinensis*	204		
Sophora japonica 'Golden		*Toxicodendron verniciflum*	212	*Yucca gloriosa*	343
Leaves'	182				

U

Z

Sophora japonica 'Winter Gold'	181				
Sorbaria kirilowii	101	*Ulmus americana* 'Pendula'	49	*Zanthoxylum bungeanum*	197
Spiraea × *bumalda* 'Goldflame'	92	*Ulmus laciniata*	50	*Ziziphus jujuba*	245
Spiraea cantoniensis	96	*Ulmus lamellosa*	52	*Ziziphus jujuba* var. *spinosa*	247
Spiraea dasyantha	95	*Ulmus macrocarpa*	51	*Ziziphus jujuba* var. *tortuosa*	246
Spiraea fritschiana	94	*Ulmus parvifolia*	53